U0211265

中央美术学院　王　铁 著

无界限

建筑设计·景观设计·室内设计作品
2002-2012

Open Design

中国建筑工业出版社

图书在版编目（CIP）数据

无界限 / 王铁著. —北京：中国建筑工业出版社，
2012.7
ISBN 978-7-112-14427-3

Ⅰ.①无… Ⅱ.①王… Ⅲ.①室内装饰设计－文集
Ⅳ.①TU238-53

中国版本图书馆CIP数据核字(2012)第126291号

责任编辑：张惠珍　唐　旭　陈小力
责任校对：刘梦然　王雪竹
版式设计：杨　晓　中央美术学院建筑学院第五工作室研究生

无 界 限

Open Design

建筑设计·景观设计·室内设计作品
2002-2012
中央美术学院　王　铁 著
*
中国建筑工业出版社出版、发行（北京西郊百万庄）
各地新华书店、建筑书店经销
北京方嘉彩色印刷有限责任公司印刷
*
开本：880×1230毫米　1/16　印张：21¼　字数：650千字
2012年7月第一版　　2012年7月第一次印刷
定价：298 .00元
ISBN　978-7-112-14427-3
　　　　(22499)

写在前面的话

作为教师我始终坚持设计"无界限"基本原则。在空间家族中，建筑设计、室内设计、景观设计都是兄弟，需要协同发展，缺一不可，这就是我的设计教学理念。特别是在高等美术院校设计教育中，更要强调空间设计核心价值"无界限"理念，切不可轻谈跨界误导学生。设计教育强调主线、发展两翼、注重上下、科学向前发展，不断探索是教师"教与学"的职业使命。对于知识与实践、设计特色与风格，多年来一直在寻找、探索、研究，小结 2002 年至 2012 年 10 载的努力探索、一些阶段收获，除了教书，社会实践是我的第二战场，希望能向志同者展开心扉，通过文字和设计作品来告诉读者这些年在做什么、想什么，这就是出版这本作品集的真实目的。

对于教授设计专业的教师而言，引导学生走上正确的学习轨道是职业必须具备的底线，也是必须、应该做到的。对于教授设计课程的教师来说，需要思考的问题很多：个人特色与民族文化、地域人文之间到底有没有最后的底线？作品内涵的凝聚力从何而来？深思、找到从现实通往理想的精神交流点是不是异想天开，这些问题一直困惑着我，思考过后从科学角度上再认知，最重要的是，一篇文章、一件设计作品能否在理论与实践上站住脚，而不被岁月的流逝所吞没，捍卫探索尊严、不断革新、不断前瞻，时代造就特殊人群，新时期高校教师才是知识与实践的设计师，这是一种标志性的优秀精神。

革新和前瞻不等同于时尚，时尚是当下但没有未来。早期的包豪斯出现在那个特定的时代背景下，它的出现有其坚实的时代基础，因此，流传至今。设计作品是市场化紧随时代的产物，从其迈向社会就要迎接来自社会、时代等方方面面的多重考验。个人的智慧在某种程度上会让实践者以科学的态度继承传统，致力革新探索，但作为以研究为目的的教师来说，对于未来设计前沿问题的思考和现实使命的思考，将成为高校教师型设计师用文字和作品来推动当下社会发展的动力内核，时尚的出现只是预示着一种社会审美的阶段转型。

社会的价值观千差万别，教师类型的设计师该通过自己的作品去和社会、时代作精神层面上的沟通，寻找出多方向的思考交叉点，丰富自己，为教学内容增添价值含量。书中，除在文字及设计作品表现本身的同时，不同层面也在体现一种自我价值，这对于教师型设计师的设计理念同样是一个全方位的挑战：既要追求设计的纯粹理念，又要思考设计在当今社会的影响性及走向。在设计成为"广义空间表现"、"大设计"时，要反省"大"的所在，这不再是一个行业的问题，而是一个社会、一种审美、一个文化现象的多种复杂问题。

作为大设计中空间家族的建筑设计、室内设计、景观设计，都是将艺术设计和技术融为一体去表现，其复杂性远胜于纯粹艺术或设计。展现出"广义空间表现"、提升艺术理念在当今寻找升级层面的社会环境，而同样个体环境也在当今寻找更宽泛的艺术幅度，两者的结合才是一种完美，一种真正意义上的"广义美术"加"宽泛设计"，即"无界限"多维度表现理念，从而成为人类设计不断发展的新学科中有价值的精神。

通过 10 年阶段性的文字总结和作品实践，将教师个人的理念和对社会的责任做一个阶段答卷，也将中央美术学院建筑学院第五工作室——一个合作向上、才华横溢的团队展现在读者面前，将每一个设计作品中的故事展现在大家面前，让读者更多地了解这个团队的成长、发展、探索，从而一起思考未来，为共同的理想"广义美术"加"宽泛设计"、"无界限"多维度表现理念而努力探索。

中央美术学院
王 铁 教授
2012 年 6 月 4 日于北京方恒国际中心

目录 CONTENTS

简历 RESUME

姓名：王铁
性别：男
出生：1959 年 3 月 5 日 哈尔滨市

个人简历

1986 年 7 月
中央工艺美术学院（现清华大学美术学院）室内设计系毕业
学士学位

1991～1993 年
日本国立名古屋工业大学
建筑计划工学 松本研究室研究生

1995 年 3 月
日本爱知县立艺术大学研究生院
第三研究室 空间环境设计毕业 硕士学位

工作简历

1979 年 1 月
黑龙江省建筑设计院 第三设计室建筑组

1986 年 8 月
中央工艺美术学院（现清华大学美术学院）室内设计系留校任教

1991 年 8 月～ 1992 年 11 月
日本名古屋安井建筑设计事务所（株）签约设计师

1992 年 12 月～ 1993 年 7 月
日本名古屋 ZIN 建筑构造设计室 签约设计师

1993 年 8 月～ 1995 年 3 月
日本名古屋 Be 设计株式会社一级建筑士设计事务所 签约设计师

1995 年 4 月
日本名古屋 Be 设计株式会社一级建筑士设计事务所
建筑设计　环境设计　现场监理　正式就职

1998 年 5 月 20 日
名古屋 Be 设计株式会社一级建筑士设计事务所　设计主管　退职归国

1998 年 6 月～ 2002 年
中央美术学院设计学院　建筑与环境艺术教研室主任

2002 年 9 月
中央美术学院建筑学院　硕士生导师　副教授

2006 年～现在
中央美术学院建筑学院　　　　　　　　　副院长　教授　景观设计学术带头人　第五研究室主任
中央美术学院学术委员会委员　　　　　　　　　　　　　　　　　　　建筑学科组副组长
中央党校第 34 期哲学社会科学骨干研修班　　　　　　　　　　　　　　　　　　　结业
中国艺术研究院艺术设计研究中心　　　　　　　　　　　　　　　　　　　　　特约研究员
中国美术家协会环境艺术委员会　　　　　　　　　　　　　　　　　　　　　　　　委员
中国建筑装饰协会常务理事　　　　　　　　　　　　　　　　　　　　　　设计委员会主任
中国建筑学会室内设计学会　　　　　　　　　　　　　　　　　　　　　　　　　　理事
ICAD 中国地区环境艺术设计委员会　　　　　　　　　　　　　　　　　　　　　　　主任
北京市建筑工程评标　　　　　　　　　　　　　　　　　　　　　　　　　　　　　专家
　　　　　　　　　　　　　　　　　　　　　　　　　　　　　　　　特级注册景观设计师

东北师范大学美术学院　　　　　　　　　　　　　　　　　　　　　　　　　　兼职教授
天津美术学院　　　　　　　　　　　　　　　　　　　　　　　　　　　　　　客座教授
苏州大学　　　　　　　　　　　　　　　　　　　　　　　　　　　　　　　　客座教授

著书、教材

《21 世纪人与环境设计艺术丛书》主编
安徽美术出版社，2001 年

《室内设计与环境》作者
安徽美术出版社，2001 年

《建筑设计与环境》作者
安徽美术出版社，2001 年

《WANGTIE 王铁建筑·室内空间环境设计》作者
中国建筑工业出版社，2003 年

《中央美术学院设计学院实验教学丛书》编委
湖南美术出版社，2001 年

《文字空间到视觉空间设计》作者
湖南美术出版社，2001 年

《外部空间环境设计》作者
湖南美术出版社，2000 年

《全国室内建筑师资格考试培训教材》609 ～ 666 部分 编者
中国建筑工业出版社，2003 年

《全国高校环境艺术设计专业学生优秀作品选专业课》编委
中国建筑工业出版社，2001 年

《中央美术学院设计学院环境艺术系专业课教学介绍》121 ～ 136 部分 作者
中国建筑工业出版社

《中央美术学院设计学院环境艺术系基础课教学介绍》116 ～ 124 部分 作者
中国建筑工业出版社

《中央美术学院设计学院王铁研究室介绍及 2002 年师生作品集》作者
中央美术学院建筑学院第五工作室

《中国建筑装饰协会室内建筑师培训教材》（上下册）（旧版） 作者、编委
哈尔滨工程大学出版社，2005 年

《中国建筑装饰协会室内建筑师培训教材习题集》（旧版）作者、编委
哈尔滨工程大学出版社，2005 年

《室内建筑师培训教材》（上下册）（新版）作者、编委
中国建筑工业出版社，2007 年

《景观设计师培训考试教材及习题集》 主编、作者
中国建筑工业出版社，2006 年

《王铁建筑室内设计》作者
中国建筑工业出版社

《室内建筑空间创造》作者
辽宁科学技术出版社，2005 年

《移动风景——商业步行街景观设计》主编、作者
百通出版集团、四川科技出版社，2006 年

《文字空间到视觉空间设计》
2006 年 7 月列入普通高等教育"十一五"国家级规划教材

《外部空间环境设计》
2006 年 7 月列入普通高等教育"十一五"国家级规划教材

《四校四导师实验教学联合指导环境艺术毕业设计》主编
中国建筑工业出版社，2009 年

《北戴河保二路建筑景观设计》主编
中国建筑工业出版社，2010 年

《打破壁垒　2010 四校四导师环艺专业毕业设计实验教学》主编
中国建筑工业出版社，2010 年

中华建筑报文章登载（国内建筑专业权威报纸）

《中华建筑报》2001 年 7 月 28 日
《申奥成功对室内装修行业的影响》作者

《中华建筑报》2001 年 8 月 18 日～25 日
《创造艺术化生活空间》连载 作者

《中华建筑报》2003 年 10 月 10 日
《装饰设计：重在计划 少谈感觉 控制比例》被采访人

日本报纸登载

《中文导报》（日本最大中文报纸 ）
《1997 年王铁设计大厦 50 栋成绩斐然》被采访人

《中日新闻》（日本四大报纸之一）
《1996 年人间住是根本》被采访人

期刊杂志

《室内 ID+C》设计与装修 2001 年 第 3 期 第 24 页部分 作者
南京林业大学、中国建筑学会室内设计分会会刊

《室内设计与装修》 2002 年 第 8 期 第 56 页部分
《寻找未来之路》主讲人
南京林业大学、中国建筑学会室内设计分会会刊

《室内 ID+C》设计与装修 2002 年 第 9 期 46 ～ 49 页部分
《文字空间到视觉空间设计》作者
南京林业大学、中国建筑学会室内设计分会会刊

《室内 ID+C》设计与装修 2003 年 第 3 期 54 ～ 57 页部分
《设计方法与设计管理》主讲人
南京林业大学、中国建筑学会室内设计分会会刊

《中国建筑装饰装修》2003 年 第 8 期 82 ～ 85 页部分
《北京朝凤山庄别墅》作者
中华人民共和国建设部、中国建筑装饰协会会刊

《中国建筑装饰装修》2003 年 第 10 期 134 ～ 135 页部分
中外星级酒店室内设计比较与研究 参与探讨
中华人民共和国建设部、中国建筑装饰协会会刊

《中国建筑装饰装修》2003 年 第 11 期 122 ～ 125 页部分
2003 年全国建筑装饰行业科技大会 主讲
中华人民共和国建设部、中国建筑装饰协会会刊

《中国建筑装饰装修》2001 年 第 12 期 72 ～ 73 页部分
《创造艺术化室内空间生活环境》作者
中华人民共和国建设部、中国建筑装饰协会会刊

《安家》 NO.33 2003 年 4 月 75 ～ 76 页部分
《GARDENING IDEAS 设计自然》作者
百安出版社

《家饰》2003 年 1 月 第 146 页部分
《设计师名录》被采访人
天津科学技术出版社、中国建筑协会室内设计分会

《家饰》2003 年 2 月 第 156 页部分
《设计师名录——资深设计师采访》被采访人
天津科学技术出版社、中国建筑协会室内设计分会

《中国室内设计年刊》N0.6 70 ～ 71 页部分
《工商银行齐齐哈尔支行》作者
天津大学出版社、中国建筑学会室内设计分会

《中国建筑装饰装修》2005 年 第 5 期
《北戴河中海滩路景观设计》作者

《中国建筑装饰装修》2005 年 第 10 期
北戴河劳动人民文化宫建筑设计方案 作者

《中国建筑装饰装修》2005 年 第 10 期
《室内建筑空间多元发展与创造》作者

《环艺教与学》2006 年 9 月 第一辑
《"装事"与装饰空间》作者
中国水利水电出版社

《深圳室内设计》2007 年 3 月
《室内设计的"是"与"事"》作者
深圳室内设计学会出版

2004 为中国而设计首届全国环境艺术设计大展论文集
《建筑更新设计与城市景观设计》作者
中国建筑工业出版社

2006 为中国而设计第二届全国环境艺术设计大展论文集
《"装事"与装饰空间——半先进与半落后思想条件下的中国环境设计业》作者
中国建筑工业出版社

国内建筑设计（部分作品）

清华大学美术学院教学主楼建筑设计（原中央工艺美院）
珠海华银广场建筑设计
哈尔滨市公安局道里分局建筑改造设计
哈尔滨市商业银行建筑改造设计
湖北出版文化城建筑外观设计
大庆艺术中心建筑设计
包头市会计核算中心建筑设计
北京市隆福医院综合楼建筑外观设计
理工大学国际交流中心建筑设计
牡丹江中国移动通信建筑改造设计
赤峰市民防办公大楼建筑设计
天津武清大厦建筑设计
山西榆次一中校园规划
包头检察院

国内环境设计（部分作品）

珠海华银广场外环境设计
合肥科技馆外环境设计
鄂尔多斯生态游艺园规划设计
天津开发区外环境设计
赤峰广场外环境设计
江西捷德智能卡系统有限公司外环境设计
信丰县城中心广场外环境设计
山东寿光商业步行街景观设计
山东邹平商业步街街景观设计
山东德州商业步街街景观设计
北戴河中海滩路滨海景观设计
北戴河海宁路景观设计

中国设计教育与世界设计教育碰合

中国红也需求环境色

中央美术学院建筑学院　王铁教授

提要： 中国设计教育发展到每一个时期都会遇到来自各种各样不同方式的外力冲击，科学面对到来的多点碎片，冷静思考是智慧的选择。研究发现，任何一门学科发展都离不开自身规律，为此，寻找、迈出、融合、再发展是客观成本。低碳教育需要富国强民政策基础，低碳设计更需要培养具有高端综合素质的卓越人群。如今中国已进入全民教育时代，培养优秀人才和设计人才是头等国策。设计时代要求设计必须与数字信息文化及时架接，融会贯通传统文化精神，建立以新理念设计为教育的内核，为丰富设计教育发展作计划。用智慧共享在人类多种生态家园的地球环境中，不断谱写科学而有序的新乐章。高校教师在参与各种有价值的学术交流中，广泛与国内外院校建立多样联系平台沟通教育发展，参与行业学会与协会的重要活动，调动集体学术团队和对外交流的积极性。鼓励教师、鼓励学生参加国内外高品质大赛，综合理解政府制定出的"中国教育发展纲要"，为培养卓越人才建立平台，为教育发展奠定坚实的基础。

一、环境促使设计教育发展

如果说过去的中国 30 多年改革是启动中国发展的基础，同时设计教育改革开放也迎来了 20 多年的实践，期间的教育改革开放也可以称之为试运行，取得了阶段性果实，奠定了设计教育改革开放大环境，让西方发达诸国重新多角度地另眼看待中国特色，事实证明中国和平崛起势不可挡。然而，和平崛起概念是需要付出各种成本的，面对非常复杂化的世界形势如何继续前行？举国上下的智者们需要进入冷静的思考期，那么正式运行中国设计教育时间表应该何时启动？良辰吉日是否已择定？所需成本是否具备？从事高等教育设计方向的伯乐们是否只欠东风来临了？

中国历史上有送学子留洋学习的传统，敞开向先进学习的国门，学成归来的学子为后来中国各个时期建设作出了不可低估的贡献。特别是改革开放以来，中国培养了大量留学人员，这是国家发展的重要文化知识基础。然而，中国教育由于过去欠账太多，在发展速度与质量上存在着很多亟待解决的问题。当下西方发达诸国看到了中国教育问题，抓住发展过程中中国人的心理，拼命打造文凭工厂，向中国出口"教育鸦片"，随后提出中国质量概念狂炒。面对现实，政府综合各方事实积极制定出"中国教育发展纲要"，为教育大业发展奠定了坚实可靠的基础。

自古以来学习是艰苦奋斗的过程，留学更是艰辛的登顶过程。有少量优秀留学人才学成后留下继续工作或再学习，但大批留学生在完成学业后找不到合适工作，只能回国找工作的现象是存在的，甚至有一部分人回国后几年也找不到工作，成为"海待"，后果很严重。目前的中国已到了提高教育质量的关键时候了。人类教育发展的历史证明了选择优秀人才才是国策，走出国门后，各国都有自己的标准和向国际标准看齐的完整国策，这就是全球化带来的标准。当前西方诸国的文凭生产线让我们认识到，真正要改变国人的素质，只靠他们的文凭生产线是不可能的。

面对当下各种各样的教育与社会问题，我们必须清醒地认识中国高等教育的现状，研究中国设计教育到底如何前行。高等院校办设计教育，首先要解决提高教师队伍的素质的问题，因为教师团队建设问题是最重要，然后才是招收合格学苗，建立开放模式人本管理，用启发式教育做到科学管理，培养出具有国内合格并具有国际视野的优秀人才。

二、无坚实基础的基础课

基础教育顾名思义是打基础的教育，是人们常比喻的学习生涯的开端，漫长而艰苦的知识积累过程是非常寂寞的，能否拥有良好的学习基础是衡量一个人能力的标准。为此只有基础教育建设办扎实，学者才能够为走向通往未来的光明大道，奠定实现理想目标的可靠基础。当下中国设计教育还处在入门阶段，学生从画几何形体到石膏切面与圆雕开始，再到写实人像，全阶段可以说是全盘西化式教育。有趣的是全国院校设计基础教育专业课，入学后，一年级课程中最少也要开四周的素描课、色彩课，写生课也如素描课全盘西化同出一辙。只有速写可称之为有中国文化特有的内涵成分，只因为表现方法多选用线描造型。

中国古代教育多采用私塾式，到了清代末期才有了学堂。西洋大学堂是政府最早开设的学校名称，后来演变成人生教育培养模式三步骤，即小学、中学、大学。今天的高等院校已经发展成为多学科综合大学，与国际同步。时代要求培养设计教育人才要宽进严出，启发式教育加示范是美术院校未来进入专业设计的教学生命通道。设计教育目标在于培养学生在成长过程中能够积极地塑造自我、建立自我修正能力，掌握举一反三是原则。在学校老师教的是学习方法和基本原理，不可能把人间的一切案例都教一遍。为此提倡教师从专业基础课程到专业设计课程探讨研究机制，讲究典型案例启发式教育，杜绝无坚实基础的基础教育。目前国内大多数院校都是一次性基础教育，防止课程一过学习内容基本忘光，特别是到了毕业设计阶段，毕业学生创作成绩更显出基础课程的缺失。研究当前中国设计教育，探讨设计基础绘画课能否分布到本科专业学习的各个阶段，建立美术修养伴随大学本科长线式教育体系，鼓励学生参加国际和国内高品质大赛，产生连动式记忆训练表达，实现渗透式基础绘画课程长线模式，是毕业设计成果表达可靠而坚实的保证。

三、美术学院开设建筑学的思考

回想中国设计教育，绝不能忘记老一辈美术设计教育群体为中国美术院校成长作出的巨大贡献。20世纪50年代创办的美术院校基本上是文科，前辈教师们为新中国设计教育培养了大批优秀杰出人才，今天设计教育取得的成就离不开他们奠定的基础。在教育部院校评估后，提出在新形势下培养学生必须做到知识型和实践型并存办学的理念，几年来在全国美术院校掀起了新一轮申办新学科高潮，特别是在中国当下各地美术学院风起云涌的申办建筑学专业，并已形成了一股旋风效应。

美术学院办建筑学科只有热情是不够的，首先要解决办学方针问题，认清美术学院办建筑学的目的和为国家与行业解决什么问题。办学理念有了，还要解决配备师资问题、框架结构可发展问题、与传统工科建筑学区别问题、学苗来源问题，以及培养计划能不能在 10 年时间里达到治学要求和社会的认可。办建筑学不是拥有巨大的校园和多余的大楼空间就能够解决所有问题的。美术学院建筑学科需要具备的是，既有美术院校背景，又有工科教育背景的教师和良好的师资群体框架，知识结构需要具备先进学术观点和在学科的进取中探索的前沿精神，并具备优秀教师团队建设储备实力，更为重要的是要拥有头脑敏感的学术带头人，重中之重是要使来自不同教育背景下的教师进行探讨、统一认识、形成共识。制定适合美术学院学苗教学大纲，细分专业学科组群，让每一位教师都有话语权。成立美术学院建筑学学术教育委员会，整合梳理认识，确定目标，培养集体意识。理解职业教师的时代使命，统一办学思想，树立诲人不倦的精神和教师的职业使命。

四、高校中的学术跟风

教授治学探索学科建设的基础条件是，首先要巩固传统学科在业界中的地位，立足点也是继续完善传统学科地位，抓好基础理论和专业设计基础课程理论体系。建立专业化综合教学体系，良性运转与相关学科的竖向交流，建立具有鲜明特色的专业设计课程体系，建立实验教学体系平台。严格制定科学的、可持续发展的、具有前瞻科学性的教学大纲，对教师团队要做到三级管理制度：

1. 成立教授委员会；
2. 建立中青年教师骨干梯队；
3. 建立严格管理下的教师运营机制保障。

在今天信息爆炸时代，网络是最大的传播系统。利用网络与国内外院校建立联系方式是交流的主体，参与各种有价值的学术交流、参与行业学会与协会的重要活动，展现的是一个集体对外学术交流的积极形象。鼓励教师参与国内外学术交流活动和相关专业学术会议，对教师每年发表学术论文和出版书籍的应给予一定奖励，建立教师奖励基金制度，建立获奖者在评选先进和晋升职称时有优先权制度，对获奖者应重点表彰，集中精力抓好教学。

对于每天只顾申报各种学位点的事项要开教授会进行认真评估，防止新学位点申请到位后无人管理的现象出现，以免新学科产生对已有优势学科的冲击，导致新学位点评优无望、优势学科受损，影响学术地位。防止申报缺乏人才资源的学位点在高校泛滥，借鸡生蛋发展教育是不够严谨的，真实健康脚踏实地办设计教育是教育之本。设计教育也应讲究低碳量，中国红也需求环境色。

地域文化是原创的基础

2008 年 10 月 29 日 10：31 设计师频道记者与对话

中央美术学院建筑学院 王铁教授

提要： 王铁教授认为，地域文化是原创的基础，而要发展原创设计，目前最需要解决的问题则是基础教育。

2008 第四届中国（深圳）国际室内设计文化节于 11 月 15 日在深圳会展中心隆重开幕。以"改革开放 30 年原创设计在深圳"为背景，10 月 25 日，中央美术学院建筑学院副院长王铁教授应邀到访深圳设计节，王铁教授在详细了解第四届室内设计文化节的组织筹备情况之后，对本次文化节给予了高度评价，并发表了自己对原创设计的观点，提出地域文化是原创的基础，而要发展原创设计，目前最需要解决的问题则是基础教育。

记者：

中国（深圳）国际设计文化节从 2005 年举办至今，已经是第四届了，您一直非常支持我们的活动，请谈谈您对设计文化节的想法和期望。

王铁教授：

设计文化节前三届我都参加了，刚刚也看了第四届文化节的宣传片，确实一年比一年成熟。这个活动应该是在搭建桥梁、架接企业、设计师和院校，还有业主之间的联合体对接。今年有一个更大的特点在于扩大了设计周边的相关信息，为文化节增添了新的看点。活动不仅可以看到设计师这个层面，而且看到了与设计师相关、周边相关的事情，像文化节的 LOGO 一样，把大家都连接在一起了。以往国内一些组织搞的活动，基本都是年复一年，例行公事，按照传统的模式去做，而深圳设计文化节它是进取的、不断创新的中心不变,每年的表现形式都有新内容。

今年是改革开放 30 周年，中国人常说"三十而立"，也就是生命到 30 岁的时候，应该可以回顾过去的对与错，同时思考展望未来如何行走，这是个最关键的时间节点。深圳做这个文化节的目的，就是要立足于前 30 年改革开放各方面的发展成果，总结阶段性成绩以及中华设计网对社会的责任感，让国人和专业设计师更好地看到未来。设计的未来该如何去走呢？这还需要大家共同去探讨。但我想，至少深圳市每年提供了这个平台，创造更多的机会，把更多相关或者间接相关的人联合在一起，更好地为设计这个行业提供各种各样的信息，让更多的人去热爱它，促进它的良性发展。

我看到深圳设计师协会从成立以来到现在的发展壮大，工作范围、服务范围也是越来越广，目前已经成为深圳设计师，甚至全国一些相关企业所离不开的一个信息平台。也许将来在它的成长过程中，还会得到国外的或者跨学科的研究单位和企事业的支持，如果到那个时候，那它的平台作用将是不可估量的。改革开放 30 年深圳所取得的成绩奠定了深圳设计的基础，接下来更好地研究发挥深圳设计的优势和深圳作为先锋城市的重要作用是时机了，也希望它俩能真正地对等在一起，形成一个新的改革起点。

记者：

环境艺术设计行业在中国的历史并不长，在这个发展过程中我们国内的原创氛围如何？

王铁教授：

说到中国的原创，实际上跟我同龄的人都认可：中国华人民共和国成立就开始了中国设计的现代化探索，所以中国设计是伴随新中国发展一起成长的。我是 20 世纪 50 年代末期出生的，1986 年大学毕业于中央工艺美术学院（现清华大学美术学院）留校任教。我目睹了学校第一次做国际性饭店室内设计，这就是北京中国国贸大厦室内设计。中央工艺美术学院中了一部分的标段，就是因为中国元素主题而胜。可以说从那个时候开了中国设计师能跟国际名牌设计企业去竞争饭店设计先河，中央工艺美术学院抓住机会这是非常非常难得的。回想起来，那个时候在理念和设计上肯定有很多细节问题，因为那时候没有真正的国际化视野。现在你去中国国贸大饭店看，这部分空间已找不到了，已更新过很多次了。但那个时候在国内，中央工艺美术学院的教授们所起的历史作用，应该定位为"中国室内原创"设计起点。

前面说到了，改革开放 30 年，发展速度是非常快的，中国设计在这种高速发展方式下，就如同高速行驶时所看到的车窗外风景，自然就不会有特别完整详细的高分辨形态，因为它要赶时间奔终点，但是终点在哪儿，实际也并不清楚，也许是个方位。30 年经验告诉人们，在各方面大环境要求下的设计者，必须要在前进的过程中顾及到两侧风景，调整速度，看清问题，重视设计基础教育，提高全民素质，这样设计就会自然而然地要回到"原创"上，所以深圳设计文化节这次也提出"原创设计"。现在建筑学科或者美术学科的院校里面，从对设计的多角度表达来看，"原创性"也已经逐渐引起了各个院校教学重视，企事业设计单位的重视还需要一个相当长的时间段。经济发展速度之快，导致人们不能坐下来，认真的、静静的思考基础教育，原创是离不开基础教育的。我们放弃了很多传统，速度驱使人们把这部分淡化了，但今天大家又说没有原创就等于没有发展。我记得我以前也说过一句话，就是说原创必须尊重地域文化，尊重各国民族之间的文化。如果是国与国之间的交流，失去了这个，就没有必要去观光，去像徐霞客一样写游记。所以说建立起地域文化是原创最重要的基础。

记者：

发展原创设计的道路中，各个相关部门起着什么样的作用？应该做哪些事情？

王铁教授：

原创需要几方面共同协调作战。第一就是院校教育，打下良好的基础。第二是在企事业工作过程中，不断地修正自己。至少要经过 10 年以上的修炼，才能把握住设计，设计是全方位的，包括创意性、技术性、文学性、色彩等各方面的综合信息基础。我们如何做到这一点，即中国的设计文化让其他民族看起来没有犹豫感，特点非常强，那就是"原创"，为此就需要共同努力，去挖掘最基础最本源的东西。否则的话你只能飞起来，但是不具备任何能源和辅助设备，累了以后怎么办？所以我们现在需要"空中加油机"，院校教育和行业协会的定位正是在此，它使设计师、设计教育以及实践几种可能连在一起，为中国设计行业打造真正的原创理论。我们不知道中国未来的原创设计是怎样的，但是我们知道它永远是有中华民族文化作为底蕴的。

记者：

本届设计文化节提出关注原创、尊重原创、支持原创，王铁教授认为目前来说要发展原创设计，最亟待解决的问题是什么？

王铁教授：

原创设计最需要解决的问题实际上是设计基础整合教育。在人的受教育过程中，应该是每个阶段掌握好他必须要掌握的成分。比如，一路小跑过去后发现失落了很多东西，回头再去拣拾，这种过程能不能成功呢？也能，但它违反了学习的规律性。

原创要具备一个很重要的部分是很好的文学基础。人们说谁是建筑大师呢，是文学家吗？《红楼梦》也好，其他中外著名小说也好，所描写的那个空间状态，很多是设计师无法想象的。作为方案设计者，用专业技术去表达设计概念语言，实现它的时候也只是有限的一部分，如果没有坚实的文化作基础，优秀的设计是不可能诞生的。当有了文化作基础以后，还需要具有相关的专业知识来支撑它。对于设计师来讲，做原创要具备的最重要的两点，一个是知识，一个是文化。知识是什么？是方方面面了解得非常多，是综合性的。那文化呢，哪条是你的主线？中国过去的传统教育叫文化教育，今天叫知识性教育，所以现在很多的年轻人只有知识，没有文化。社会发展到今天，时代要求要既有文化，又要有知识，这是原创人才最重要的基础素质。

记者：

从室内设计行业的理论和实践来说，王铁教授觉得国内目前的现状是怎样的？以后的路应该朝怎样的方向发展？

王铁教授：

改革开放30年，对于基础理论来讲是冰冻层，速度过快使设计没有能力去研究基础内容。设计教育眼前做的是锦上添花，但真正的基础理论研究是要度过一段孤独、寂寞的时间的，很难在短时间出成就。可能经济条件的吸引等方方面面不允许在那特定改革开放的时间里去做到两全其美，但是三十而立了，是应该想想将来的设计教育怎么走了。

作理论研究说起来很简单，但做起来是非常难的，太孤独，太寂寞。有些很有成就的人没有时间坐下来去作基础理论研究，但是有些学者已经开始意识到这个问题，他们对社会有责任感，一些设计院校开始要结合办实践教育，要跟企业交流，搭建平台，更好地为社会输送人才，提供原创人才是奠定行业的高楼大厦真正的钢筋混凝土基础。

记者：

深圳室内环境艺术设计在国内来说具有一定的领先地位，目前深圳正在申报"设计之都"，王铁教授认为还有哪些工作要做？

王铁教授：

从政府的立项，到为打造"设计之都"所做的一些工作，通过几年实践，深圳设计确实初见成效了，几届设计文化节的成功举办，也证明深圳有能力和魅力把设计人才吸引到这里来，得到大家的认可，这将是设计文化作为基础，全力打造设计之都的一个最佳契机，是让深圳设计走上更好的发展道路开始。

记者：

亚太建筑与室内环境设计高峰论坛和酒店设计论坛是第四届文化节中最具有学术性的活动，作为国内环境艺术设计学术界的代表人物，王铁教授对这两大论坛有什么建议、期待？

王铁教授：

多年来国内各种各样的论坛很多，但都没有解决一个基本的问题，也就是我们前面说的话题"原创"的问题。要搬起石头砸自己的脚才能疼，砸在别人脚上你没感觉。

比如这次的酒店设计论坛，要对国内的酒店发展现状总结一下，中国发展到今天到底需要什么样的酒店？分几大类？国内设计师、设计企业在国际上到底处于一个什么样的位置？不能说人家讲完了必须自我对号入座，应该把会议专家和有成就的大师们所讲的经验进行梳理，通过深圳设计师协会的网站，从协会和专业的角度更好地去探讨，帮助更多年轻人作一个框架性的引导，因为不是说所有设计师都有很好的理论能力和相关的综合性能力。

记者：

在全球遭遇金融风暴、房地产市场低迷的情况下，作为环境艺术设计师应该如何应对？

王铁教授：

环境艺术设计发展到今天，是借助于国家建设所带来的机会，目前在世界金融出现问题的条件下，设计师之路如何去走？这恰恰是给设计师提供了一个非常好的发展机会，使我们放慢速度，认真学习中外设计基础理论，学习相关的专业知识，没有那么多事情做的时候，就可以养精蓄锐，补充自己的能量，经过一段再去做设计，到时候那就不一样了。只要能沉得住、扛得住，这个机会就在眼前，就会留在这个行业中大展设计宏图，扛不住自然就会被淘汰。

记者：

王铁教授请您给年轻设计师一些鼓励。

王铁教授：

成长过程中我的师傅们经常向我说的话是，"别太急、要稳住"，老是不放心，总感觉年轻人这儿做不到那儿做不好，其实有经验的长者在看问题的时候也要多角度去看、用发展的眼光去看，正确的鼓励是最大的帮助和爱护。

现在的年轻设计师有很大、很丰富的知识量，这是基础，但对于传统文化可能认识不够深刻。基于今天这么好的一个社会环境，如何去发展中国的设计原创，在设计中传播中国文化，现在的设计师是最有条件的。参加学术活动，通过协会、学会、院校每年的各种有价值交流展，理解国家、政府对行业建设的支持，我相信年轻设计师们应该可以是迎来下一个设计高峰的。希望我们共同努力，我愿意和所有年轻的设计师共勉，创造中国室环境设计计美好的明天。

讲地域文化就是要尊重各国、各民族的文化，如果是国与国之间的交流，失去了这个，就没有必要去相互欣赏观光，去像徐霞客一样写游记。所以说建立起地域文化是原创最重要的核心基础。

建筑景观室内整体性设计

中央美术学院建筑学院　王铁教授

提要： 整体性思考建筑设计、景观设计、室内设计及其构成空间使用环境的各个要素，是形成一体化设计连动分析的构建基础、是体现构筑空间环境在结构和形态方面的内核价值，是设计教学立体思考的整体性原则。

结构的整体性

构造是组成形态系统的基本要素，构造以一定的延伸和依存关系搭建成有限框架的可视形体。构筑体和外部环境的构成只有形成一定的、合理的连动关系才有存在的意义，反映出与外部可延续的建造才能体现出整体性秩序。整体性原则正是建立于结构环境的协调中，并使构筑体与其所处环境的整体框架相契合，建立有表情的建筑形态及其外部环境各层面的天际线，形成高质量的整体秩序。

建筑内外构造表现出每个层面均具有一定的结构环境。历史悠久的城市环境由各个时期的构筑物质形态连接而成。城市的发展都有其独特的延伸结构模式，空间城市的各个部分都和延伸结构具有一定的血缘关系，这就是构成整体性秩序并依据设定的秩序构成主题环境。建筑设计是有限定的植根于已存的城市结构体系板块中，成为尊重城市环境整体结构的基础特征。城市整体结构下的地段环境板块，称之为城市环境整体结构中的构成单元，是城市自身结构基础逻辑，也可以称为相对独立的空间环境。建筑设计、景观设计应当尊重城市地段环境的整体法规框架，要与已建成的建筑形态相协调，使城市环境发展有序的增长，尊重整体的秩序。环境场地是指由场地内的建筑物、道路、绿化、各种管线工程及其他构筑物等组成的有机整体板块，包括紧邻外部环境空间。建筑设计的目的就是使场地中各要素尤其是建筑物与其他要素建立新的环境体系，并和区域环境、地段环境相关联，从而和空间各个层面形成有机的良性整体。

内外空间秩序的关系表现

1. 内部空间和外部环境空间秩序的协调。由于外部环境空间的秩序是在历史发展过程中形成的，存在维持原有构建秩序化组成的趋向，结构秩序具有稳定性法规基础，从而对建筑设计表现形成制约。

2. 建筑外部环境空间秩序的有序重整。社会结构的演变会促使城市环境秩序发生变化，基于原有的秩序环境很难适应发展变化，内部环境系统的更新总是滞后于外部环境的发展变化是导致城市的结构性衰退的导火索。为此，城市环境设计、建筑设计使各组成要素和二级系统按新的方式重新组合排列，产生新的动态平衡发展形态空间。

形态的整体性与连续性原则

在构成建筑形态的外部环境和结构形成的整体性空间中，技术在形态整体性中起着重要作用。自然层面的外部环境形态都具有客观的完整性，良好的景观环境设计是丰富变化的前提，是构建美的表现基础，其核心在于表现整体价值体系。建筑设计作为单体或群体要面对外部景观环境的形态和关联，从而形成内部与外部环境相连的整体性和连续的合理空间形态，促进景观环境与建筑空间在变化中获得表现形式。新建筑形态能否融合于既存的建筑环境之中，检验标准为是否保持和发展了可塑环境，是否建构了具有隐形整体性价值，升级为连续性。

在实体建筑布局中首要的环节是把握客观环境功能的变化，建筑内部实体功能布局要符合可变功能的发展规律，使建筑功能随发展而不断调整，防止建筑功能的落后、功能混乱、整体机能降低，建筑设计、景观设计肩负起整合周边环境功能的重要联动作用，使建筑的外部空间形象更具有相对功能的完美性。

连续性原则

1. 建筑内外空间形态及其外部景观环境的各个元素，要从构造上相互联系成一个空间整体。

2. 体现建筑形态连续性及其外部景观环境构成要素必须要承载历史、体现文脉，对未来有前瞻性、可行性的预见。

时间与形态的连续性

建筑设计、景观设计重视文脉是首要，时间延续在发展中起重要作用，在文脉表现和符号表现的理论与实践中，如何实现对历史有价值文化的科学评估，探索传承和实事求是基础。建筑景观在时间、空间及其相互关系上强调自身的延续性。空间环境中符号的运用可以丰富设计语汇，使景观环境得到持续多样性发展，合理运用时间延续因素将有助于促进人们对往昔的记忆。

外部环境的形态均具有连续性的价值特征，景观环境中的新建筑在表现形式上应尊重周围环境，强调文脉的连续性。外观形态应与遗存的外部环境要素（如体量、大小、形状、色彩、质感、比例、尺度、构图等）进行积极沟通，达到表现精神功能与自我存在意义的升级表达。外部环境中建筑形态的连续创造也应体现出这种形式与意义的内涵。

整合建筑与外部环境构成中的有效文化因素 应将部分优秀现存环境元素增添到新的建筑景观环境之中，切不可无修整的消极地服从于现存的环境。建筑设计大胆创新文脉是基础，以新角色定位积极开拓新建筑景观环境，展现和塑造景观环境的高质量特征。其特征不应是对过去的照搬模仿，而是在优良遗存环境中创造出一种新的生命体形态。传承延续发展原有的有价值秩序，建立新的高质量秩序。它既与原有空间环境存在有机联系又不同于对它们的写生，演绎出整体景观环境中的建筑形象和动态性结构，释放出外部景观建筑价值，赋予环境形态有价值的连续性。

人性化原则与多样性

建筑设计、景观设计要充分认识人与环境的双向互动关系，把尊重人、关心人的设计理念体现在空间环境的创造中，重视人在空间环境中的心理活动和生理行为，从而创造出适应多样性需求的理想建构空间。多样性是指空间环境中预留的属于可调性环境范围要素，调整后形成整体形象。由于使用者所处的背景不同，产生对设计有不同的要求。生活对建筑的使用及其外部景观环境的要求是多层面的，多样的生活环境是人们的需求，多样的环境才能适应多样的生活模式。自然因素和人文因素制约建筑环境、景观环境的创造，多样的生活模式受约于规范和法规。

多样性原则

1. 多样性和创造性首先强调的是建筑场所环境构成。新的建筑构成应对外部环境景观元素加以充实。

2. 合理的形态将会促使遗存的秩序得以健康发展，从而产生新的环境秩序。设计师应具备敏锐的感应表达能力，善于捕捉新的灵感和创作的可能。建造不仅仅是技术与物质的功能实践，应该是体现内部与外部空间环境多方面的内涵。其形成过程与历史、社会、文化、经济等诸多方面的因素相关，满足人的各种行为和心理活动要求，使城市成为宜人的与多样性的生活场所，表现出多样性的特点。

可持续性原则与领域性

研究可持续性原则有助于建筑设计、景观设计的演变过程，发现人类活动对城市生态系统的影响，探讨建筑设计方法，解决如何改善人类的生活环境，达到自然、社会、经济效益三者的和谐。在建筑设计领域、景观设计领域建立可持续发展理论，协调人与自然环境的关系，利用资源，研究如何提高社区建设质量等现实问题。加速保护环境和节约资源的研究，对现有人居环境系统进行客观务实的调整和改造，认清未来的生活环境和资源条件，从空间效率实际情况去考虑规划和设计问题。

领域性要求环境空间具有不同层次的不同的特性，目的是适应人们不同行为的要求。建设环境的构成应当有助于建立和强化使用空间的领域性，从公共空间-半公共空间-半私有空间-私有空间的不同角度，过渡形成良好的领域区域。解决游离于整体城市领域性空间的建筑创造，积极参与环境构成研究，创造高质量不同性质的活动场所。

领域性是研究城市化环境的前提要求，指的是在建筑与建筑之间的外部空间环境中，解决消极的剩余空间，积极地发展健康的城市空间。建筑形态的构成要积极与道路、广场等相协调，建立良好的系统化领域性空间，创造良好的空间环境秩序，使城市空间的多层次和可持续性更为清晰，创造更加明确的整体性环境特征。

生态环境与空间效率

生态建筑及其空间是充分考虑到自然环境与资源问题的一种人为环境。建造生态建筑的目的是尽可能少消耗一切不可再生的资源和能源，减少对环境的不利影响。"生态"一词十分准确地表达了"可持续发展"这一原则在环境的更新与创造方面所包含的意义。因此，在协调建筑设计与外部环境的过程中，要遵循生态规律，注重对生态环境的保护，要本着环境建设与保护相结合的原则，力求取得经济效益、社会效益、环境效益的统一，创造舒适、优美、洁净、整体有序、协调共生并具有可持续发展特点的良性生态系统和城市生活环境。

空间体系转型的要求需从过去的以"人为中心"过渡到以环境为中心，空间的构成需要根据环境与资源所提供的条件来重新考虑未来的走向。人必须在自然环境提供的时空框架内进行建设并安排自己的生活方式，强调长期环境效率、资源效率和整体经济性，并在此基础上追求空间效率。建筑及其外部空间将向更加综合的方向发展，综合城市自然环境和社会方面的各种要素，在一定的时间范围内使空间的形成既符合环境条件又满足人的不断变化的需要。

创作整体性设计准则

建筑设计、景观设计、室内设计是满足人们物质与精神要求的综合体，是诸多矛盾交叉的综合体。设计既要考虑个体，又要考虑综合体与景观；设计既是作品，又是设计商品……建筑设计工作是个涉及面宽、牵扯问题广的复杂过程。在这诸多矛盾的交织中，设计师如何把握正确而有序的设计方向，如何判断是非，如何做到正确取舍，时刻保持清醒灵活的头脑，靠的就是设计创作准则和规范法规 并以此作为设计创作的方向。

设计有多元、多矛盾的特点，在今天，建筑设计、景观设计、室内设计的评价与评审变得越来越复杂，近些年受商品经济冲击，评论设计方案的优劣好像没有准确客观的标准了，某些问题"总是有再理有理"。不正常的现象令人啼笑皆非，设计师有苦难言；专家自以为是，随意点评。

社会上的行业做法直接影响到设计行业，迅速地渗透到设计过程中。部分地区的部分建筑设计、景观设计、室内设计项目中，设计学理体系的最基本原则已经开始动摇。当今景观设计是不是具有客观规律与法则的科学，建筑设计还有没有衡量其优劣、对错的标准，室内设计还是不是创作，谁是设计的主体？

现在选择建筑方案时，已经没有几个人仔细审看平面、立面、剖面，分析其内部功能和技术问题，经济方面就更少有专家过问。评标方案挂在墙上，专家的视线几乎首先集中在效果图上，仅以几张图的效果，来评论方案的优劣并判定取否。

着眼于建筑群的整体形态，景观建筑群的整体形态，其次是室内的整体形态，三者是互相依存、互相衬托的整体无界限关系。

在满足一般要求条件下，设计应考虑整体。只有完整统一，才会发挥最佳创作动力，互相依存、辩证统一的关系是建筑设计、景观设计、室内设计的动力源。

从整体设计出发，平衡三者利益，结合法规、用地条件、建筑性质、环境、方位、日照、景观等诸多要求，最后确定设计的形态。

不是偶发的偶发

环境艺术设计方向毕业课程教学第一步

中央美术学院建筑学院 王铁教授

2008年9月新学期按照校历和季节自然地开始了。放在桌面的名单上写着14名毕业生，他们在校的最后一年将同我一起度过，望着写有学号的名字，我沉思了许久。然后拿起电话与清华大学美术学院环艺系副主任张月教授沟通了想法，他非常认同并约定面谈。就这样一个偶发的想法，一个大胆的尝试开了。

为了使这个计划更加完善，2009年1月3日在天津美术学院我与张月教授、彭军教授进行了第一次共同联合指导毕业生协调会，共同商榷决定成立2009年三校环境艺术设计方向毕业设计指导组，确定了方针和原则。2009年1月10日，北方工业大学环境艺术设计方向李沙教授向张月教授请援，经多方考虑把课题指导组扩大到四校。因为四校四位导师的学生合计43人，为保证教学质量和师生比，增加了教学助手。并报请中国建筑装饰协会设计委员会、中国建筑工业出版社，邀请了香港毅达建筑科技董事长郭建伟提供设定优才计划奖，让参加联合指导的四校学生真正作一次联合。全部策划书面材料形成后，分别同清华大学美术学院副院长郑曙旸教授、中央美术学院副院长谭平教授商讨，得到了他们的支持，后又与中央美术学院教务处处长王晓林沟通获得了肯定，到此中国建筑装饰协会以正式文件下发到有关单位。

2009年3月14日上午8:50分，在清华大学美术学院阶梯教室举行清华大学美术学院师生、中央美术学院建筑学院师生、天津美术学院师生、北方工业大学师生四校四导师环境艺术设计方向本科毕业生教学研究与探讨，清华大学美术学院郑曙旸教授、苏丹教授、中国建筑装饰协会田德昌主任、中国建筑工业出版社张总分别祝辞支持，全体联合课题师生在信心十足的气氛中完成了启动仪式。上午9:30分进入学生选题概念汇报，导师组现场共同指导完成了联合教学的开题。3月28日，导师组在天津美术学院毕业班教室完成了对参加课题学生的一对一第一站辅导。

4月11日在天津美术学院小礼堂完成了四校四导师共同课题毕业学生中期汇报的第二阶段，4月4日课题组导师在中央美术学院建筑学院顺利完成了对中央美术学院景观专业毕业生的一对一联合指导。4月16日完成了北方工业大学课题组学生的指导第二站。4月25日联合导师组对天津美术学院课题组学生分别给予了面对面指导第三站。5月9日在清华大学美术学院毕业生教室完成了巡回指导的第四站。5月21日上午8:50分，四校师生共聚中央美术学院5号楼学术报告厅完成了最终答辩和评奖。5月22日举行了颁奖活动，仪式上郑曙旸教授、谭平教授、田德昌主任、王晓林教务处长、郭建伟董事长、邱晓葵教授、教师代表、学生代表分别发表了感言，称赞四校四导师的校际学术活动，拉开了学校之间的大门通向直接面对面的接触式交流。

四校四导师努力探索环境艺术设计毕业教学只是迈出了第一步，我们的努力会给兄弟院校相关学科提供些有价值的参考，因为这是时代的要求。

2009年6月5日

值得思考

中央美术学院建筑学院 王铁教授

一年里尝试了联合四校教学探讨，今天汇集成册，一是交上了实验性成果答卷，二是想用这些成果与更多的同行交流。特别是在本书即将出版发行之际，真诚地说一声：参与四校四导师环境艺术设计方向的全体师生作品是创意可行的佳作，是课题组全体成员与有相同经历的教师、正在成长过程中的中青年教师、校际间最好的交流平台。

速度让世界看到了中国的发展且印象深刻。在高等教育建设方面，取得并完成了西方国家百年才能做到的成就，当下高等教育中的环境艺术设计教育乘上了发展的高速城际列车，交流越来越快捷。时至今日，教育中的有识之师已不只是停留在眼前胜景的视觉兴奋中了。视觉兴奋之余，教师们思考了许多……教学就是应试规范吗？交流只是传媒这种方式吗？打破校际之间的教学模式难道不可以尝试吗？教学模式难道都像高考一个样才好？是人为的规范吗？照此发展推论，未来在高等教育环境艺术设计方向上还能有特色吗？风景这边独好的名句还能存活多久，人类的教育高度文明真的来得这么迅速，让耕者无策？我们要反思。

反思让师群中的有识之师深深地认识到，"危机就在眼前"，"中国质量"已是头等大事，科学发展现在当下绝不应该视为流行语。发展中的中国高等教育环境艺术设计方向的速度和质量一直都是值得研究的课题。"中国质量"是世界提出的，并迅速成为热点，到了不得不关注的时候了。中国的发展以和平崛起为主线，同时重视质量更应是生命延续的精神。只有这样，才能为世界主体教育导链增添润滑剂，这是教师群体中有目共睹的。

回顾人类发展在教育质量上的教训与代价，我们更加认识到教育中教与学的质量是高等教育环境艺术设计方向的生命线，对于教者与学者来说质量是不可逾越的红线，绝对不是规划虚线。世界提出"中国质量"，证明世界发展已离不开中国，同时中国也走到了创建质量强国的关键时刻。

"中国质量"是一个多层面的大事。特别是在当下社会环境中，"中国教育质量"绝不是画出的大饼，只供人看。多年来我一直在思考把毕业课程指导落实到多层面的交流中。特别是作为教师，如果脱离对教与学的实践追求，教室里的讲台就不会有位置。理论与实践不是今天才有的名词，中国高等教育环境艺术设计方向要成为学科还需要努力，拿什么传授给学生，拿什么向教育界汇报，是当前最值得思考的问题。我们在尝试着多科角度分析研究教与学，并不断投入理性实践中，找出一条主线。教师脑中永远映衬的是系统与质量的程序，只有这样，才有未来。研究是为了更好的教学，让理论在实践中得到用武之地，思考、再尝试，也许我们的努力会为同业者提供些有价值的参考。

2009 年 6 月 5 日

设计无界限

中央美术学院建筑学院 王铁教授

关键词： 设计跨界线、素质无界限、设计无界限

随着设计规范法理化的普及，如何理解设计将成为时代文化，拥有 30 多年改革开放经验的中国，对于发展教育、继续建设与开发、低碳化理念环境与保护意识已在头脑中根植，并拥有了全球化视野。今天的中国，无论教育界、设计界及普通人，对于建筑设计、室内设计、景观设计都以理解、宽容和梳理、包容的心态进行接受，不断创新的中国取得了在全球金融危机的大环境下让全世界各国羡慕的成绩，拥有对设计理念的不断更新，能够从发展角度去理解认识设计是改变人类生活方式的动力源，并以"受益者"的身份去包容和客观理解。加速改革开放是中国发展的科学法理界线，因为有这道法理界线，所以继续发展是宽视角的无界限。在城市不断发展过程中有序而科学的升级，是考验管理部门能否有保持一座城市仪表的战略视野，如何对待历史街区的建筑和不断完善城市系统，更是考验设计业和从业者能否科学理解相关政策法令，科学建立适应中长期发展的战略方针，同时又要培养大批对历史发展的真实、客观、公正具有解读能力的人才。理性地接受相关政策法规，综合"和谐社会"概念，体现中国有能力接受发展升级，完成各阶段自我修正，杜绝盲目跨界误导。培养实施具有综合素质，设计无疆域的中国特色人才理念，用发展观角度去理解"设计无界限"，促使中国设计教育和设计实践得到健康发展，迈入广义低碳建设时代。

一、设计跨界限

设计跨界限，这是一个原则性的问题。

近年来在业界有一种不够准确的声音，强调中国设计教育与实践到了该跨越界限的时候了，不跨越就会影响改革开放 30 多年所取得的成绩，甚至将葬送未来发展。

在此杂音的影响下，许多学术团体、研究机构、大专院校，都在大谈跨界限，形成怪圈。时下，中国设计教育值得深思的是建立在基础知识之上的广义意设计专业之间的延展，在发展中的相互渗透是多专业的融合，这种设计界限的延扩不能够用跨界限来表达，应该客观地称其为与时俱进中的设计在多维度条件中的协调拓展。

界限在设计规范当中是法理不容侵犯的，如何跨越？三思方可行之。因此，探索各专业之间的互补不能用简单的跨界限来定位，赶时尚。

政府对设计教育与行业发展制定出相关政策，鼓励探索、鼓励实践、鼓励创新。发展设计教育要有基本原则，要健全设计行业法律法规，强调设计师的道德底线。设计教育必须在国情的条件范围内，分阶段完成发展计划。

回顾设计教育的发展，理性是基础，包容、客观为前提，必须接受任何改革都需要付出成

本的现实。回顾新中国成立初期政府根据国情提出"经济实用，在可能条件下注意美观"的原则，使中国设计教育和设计实践得到健康发展。从新中国第一个五年计划开始到当下第十二个五年计划的实施，都对设计教育和行业发展在广义上进行强大的政策支持，事实说明政策制定客观现实，是科学而理性地针对着实际国情的。制定发展设计教育和鼓励行业的相关政策，是宏观地引导各行各业健康正确的发展指南。特别是改革开放初期大胆、客观的科学决策，惠及了13亿中国人民，让华夏大地得到了真正的实惠。这是时代的选择，有序的升级，是冷静思考后的智慧决策，而取得的辉煌成绩不是跨越界限能够带来的。

二、素质无界限

设计师必须具备综合能力和素质，要做到在综合分析条件下尊重相关学科建构体、尊重环境，抓住主题，客观包容，用低碳理念指导设计创作，作品才能产生特色，这就是设计师素质界限。设想，设计师自己在地下挖掘个空间，忘我的不顾一切地追求有限的理想，能够创作出好作品吗？例如，室内设计在建筑空间中归属于空间再划分设计方向，是画龙点睛，是妙笔生辉的职业。成就它需要具有宏观的实践能力、深厚的建构空间理解力和综合性审美创造力。建筑构造体是室内设计生命延续的可靠保证。为此，室内设计师要具有对建筑设计作品从多角度欣赏理解的包容心理，这就是综合专业修养的平和心态，伴随着室内外空间一体化低碳设计理念的普及化导入，将会有更多的条件影响着室内环境设计走向更高层面。

建筑师必须认识到，建筑设计需要景观与环境衬托，景观设计需要建筑形态，室内设计需要建筑空间，更需要外部环境，需要综合艺术。设计师必须要兼顾多种专业修养，建立高素质界限发散想象的整合能力，即空间设计修养素质的无界限新观念。在提倡生态低碳设计的当下，业界智者提出"内外空间条件与自然条件一体化设计理念"，为设计科学化、专业化，为走向融合发展的低碳化时代消除素质界限奠定探索基础。

有人问，建筑设计师、室内设计师未来向何处去发展，他们有未来吗？这个问题答案可以从大概念设计之中自然得到解释。建筑设计、室内设计，都会在各自发展的领域中不断自我修正更新后，迈进大景观环境概念设计之域，以共生的设计理念为平台，成为景观家族当中不再缺少的核心板块。从学理角度出发，尊重法理界限，加强高素质界线，提高遵守界线的原则，智慧地跨越障碍，放飞无限设计思想，实现明天的设计。升华到大景观概念的更高层面，成为高素质的素质无界限专业人才。

三、设计无界限

设计无界限是广义的无障碍的。建筑设计工作做到什么地方是终点，景观设计工作范围到哪儿，室内设计工作到何处是禁区？已不再是重要的话题，重要的是相互之间的兼顾协调性。当下发展中的设计理论具有强大的科学基础支撑平台，集中表现在广义设计理念指导下的设计实践，形成多角度的宽视野。中国特色的设计产业链，成就和丰富了广义空间设计的无界限新观念，即"多元化，超域诞生"建立设计无界限的可操作系统。

设计师在构想阶段要综合思考相关专业之间的交叉关系，这原本是从业者必须具备的专业素质。可当下有部分业者，只近距离深爱小环境范围，其作品处于一个什么样的大环境好像与己无关。设计作品融入环境是古人早已实践的观念，创造出"天人合一"的理论指导着人们在"人与自然"关系领域不断探索，并取得了辉煌成绩。

中国古代造园艺术遗产的宝库之中随处可见精彩，在当下建设发展的每个时期都承载了造园与建筑、室内与陈设等多维应用法则。实践证实，伟大的中华建造文化历史，创始了华夏艺匠。

发展中的新设计学已成为学理化重要主线，即设计无界限培养模式的时代要求。如，以建筑设计专业为主线的教学可设定为发展两翼，景观设计、室内设计知识为辅，平衡发展。目的就是协调主体均衡性，科学有序发展设计教育业。

可行性设计离不开合理化模型构造体，离不开大景观环境概念，脱离不开秀美的外形、建造技术以及艺术品配饰设计，更忽视不了与设备、强弱电、消防等相关专业及法规的协调，这就是设计者的无界限命运。

王铁广义建筑设计观念

《美术之友》2006 年 2 月（形与型的表情——王铁先生作品集侧视）
北京联合大学师范学院 赵坚

王铁与广义建筑学观念

王铁先生由日本归国后的 8 年时间里，除热心于教学之外，非常重视理论与实践紧密结合。他的工作经历为他在建筑设计与环境设计方面广泛、多角度的观察和探索提供了最合适的职业选择。在王铁先生的诸多著作中，《王铁建筑·室内空间环境设计》、《室内建筑空间创造》是项目作品集，书中以图片为主，配以文字说明，这些项目有建筑设计、景观设计、室内设计。王铁先生认为人类的居住环境包括社会环境、自然环境和人工环境的整体，而建筑学所包括的内容早已不断发展，传统建筑学的概念必须扩大。建筑设计、景观设计、室内空间环境设计是人类创造美好生活环境系统中的重中之重，是人类与自然环境相互作用过程中形成的一种特殊的创造空间环境过程。从某种角度上说，这种相互作用所产生的新空间视觉构成形式称为"空间设计"。王铁先生在书中写道：在广义空间设计里，建筑设计是个体设计，它要服从于整个环境景观设计；室内空间设计是建筑空间设计的二次划分，不能独立地看待任何一方。在大量的设计实践中，王铁把建筑设计、景观设计放在主导地位，并据此延展到室内空间环境设计，用他本人的话说，设计可以统归为一体，那就是广义建筑设计观念。

王铁广义建筑学观念与建筑类型学

书中的建筑、景观、室内设计项目的特点与限制条件各不相同，但其背后都潜藏着同一的"元"——即类型，不同的设计方案是同一"元"在不同场所及条件下的转换和生成，在他的广义建筑观念后潜藏着类型学建筑思想。类型的方法区分出"元"、"对象"及"元设计"、"对象设计"的不同层次，然后生成一套属于"元语言"层次的基本形式与方法，再用这套"元语言"去生成具体的设计作品。王铁先生在广泛研究了现代建筑流行的形式语言后，专心研究各个时期经典建筑的尺度、比例、形式构成和几何类型。对历史上的建筑类型进行总结，提炼建筑语言，寻求建筑本质，抽取出历史中能够适应人类基本生活需要及与一定生活方式相适应的建筑形式，并去寻找形式与生活的对应关系和对社会的持久意义。在他的作品中，可以看到对自己理想的执著追求。

除了在中央美院执教，王铁同时也是一位开业建筑师，但他的事务所更像一个研究室。王铁把设计项目都作为研究课题来做，严谨而又有创新。这个研究室在反映王铁建筑成就的同时，也反映了他艺术上的成就和强烈的个人风格。研究室里有大量书、绘画、建筑模型、古代家具、工艺品，王铁先生就像作家在图书馆一样，不断收集资料来丰富形式和类型。这些高质量的内容就如同新书进入藏书家的书架，一旦放到了合适的地方，就会得到欣赏、查阅并享用一生。王铁先生所积累的设计元素，就像实验室中无数化学元素，在设计中使之化合为类型的规则。正如他自己所说的，"形与型的关系是设计师追求一生的课题"。

王铁先生采用一些基本方法，如分类，总结已有的类型，将其造型化为简单的几何图形，并出现其"变体"，从变化中找寻出固定的要素。固定的要素即简化还原后的城市和建筑的结构图式，设计出来的方案与历史、文化、环境和文脉就有了联系。

王铁将这种类型学的应用分为两步：

1. 从历史各个时期经典建筑形式的还原（抽象）中获取类型。

2. 将类型结合具体场地的限制条件还原到形式。

这种从形式——类型——（新）形式的设计过程正是王铁类型学方法在设计形态建构上的体现。

王铁在将类型结合到具体项目设计中时坚持以下观点

1. 形式与类型是历史信息的传递媒介

王铁认为图形是具有可识别性的，当代建筑研究的中心课题是如何尊重与调和城市已存在形态与建筑的多重关系。设计师要完全摆脱前人的影响是不可能的，我们都是站在巨人的肩膀上的接续人。城市建筑的发展始终伴随着城市化的过程而不断前进，就其发展的全过程来看，它是一个有生命的客观存在。因此，新的建筑、建筑群体和城市的产生应该被视为传承城市生长的结果。将归类分组的方法体系作为设计过程，才能使具有相似结构的形式分类，并在这个过程中呈现特定的文化形象。这样的设计使建筑建立起与过去的联系，使人能够识别出那个时刻的隐喻性。也就是说，形与型的关系解释了建筑背后的原因，通过它的连续性来强化建筑的永恒性。这时，形式和建筑间的联系被人所理解。将类型结合的场所、景观、建筑或室内空间与一些形式联系在一起，产生一种隐含的逻辑关系。

2. 形式与类型是与人的生活方式密切相关的

设计体现对人的关怀，做到以人为本。而在人类文明的发展中，景观、建筑、室内均留下了多种多样的形式印记，类型正是潜藏在这些形式结构中的。类型作为一种内在规则，凝聚了人类最基本的生活方式，是人类生存与传统习俗的积淀。因此，特定的形式往往是与人的生活方式紧密相关的，同时也揭示了建筑的永恒性，体现了人类共同的心理结构。对类型的选择和转换要充分考虑人类心理经验与形式之间的永恒关系。

3. 类型是可以变化和转换的

王铁先生认为类型的应用不是一种机械的重复，而是在其中进行变化的框架蕴含了发展变化和转换。将作为具有形式语言的类型符号带入现实项目的设计过程中，类型会因现实环境和条件限制的不同生成不同的设计方案。在这个过程中，建筑师要根据需要灵活地处理类型。类型在现实环境中的使用是一个由抽象形式逐渐生成真实建筑环境的发展过程。建筑并不完全是理性推导的过程，理性范围内的感性是极其重要的。在设计过程中，"理解美和审美是两个概念，真正把类型结合到设计中不是人人都能做到的"，"要带着感情的，要激动，要流畅，要一气而成"。在这个过程中，类型对具体的环境与条件作出回应，转化为反映场所特定环境的具体形式。

结语

运用类型学是王铁先生的这两本项目作品集背后丰富思想的一部分。因为类型和场所并不能说明一个建筑作品的完全内容。即使一处场所已暗示出欲求的形式，也不是每个人都能描绘具体的形式、气势。对此，王铁先生以积极的态度追求探索。他将感情、思想融合在设计中，仔细品味场所向他表达的一切，并及时反馈到设计中去，将时间、空间、材料、文化、历史等因素融合起来，使设计作品得以不断地推陈出新。

过程更重要

北戴河保二路街道两侧整治设计感言

中央美术学院建筑学院 王铁教授

北戴河是距北京最近的海滨旅游城市，真正了解北戴河是 4 年前应王占胜副区长邀请参加北戴河文化宫建筑设计开始的。为让我深入了解北戴河的历史和现在，王占胜副区长邀请我为中海滩设计景观，由于有前面良好的基础，所以在设计中海滩景观时，更加得心应手。作品完成后得到肯定，直到现在一提起这段事，曹书记还是说设计得很好，现在看起来还不落后。在曹书记的支持下我组织在北戴河连续两年召开了滨水景观设计研讨会，参会院校 30 多所，专家教授都认为北戴河是一个很有发展前景的旅游城市。北戴河的综合景观现状当时很普通，除部分地段残留几栋洋别墅外，道路两侧建筑风格杂乱，色彩更是单一。如何在一座有历史的城市建造出适合当今国情所需的城市风貌是与会专家教授讨论的话题。在学术研讨分组会上，有很多专家提出了概念，那一次研讨会是有成效的。

2008 年 9 月的一天下午，接到副区长王占胜的电话，与我交谈起满洲里城市亮化设计，并邀请我一起去看满洲里夜景照明，我答应了他的邀请并一同前往考察。回到北戴河后的第三天王占胜副区长又打电话给我，问我能否马上来一下北戴河有事商量。我正好有空，当晚就驾车到了北戴河海滨花园大酒店。王占胜副区长开口就说："王铁教授我邀请你再为北戴河做个项目。"我说只要信任我，我一定努力完成。王占胜副区长说："是保二路街道两侧建筑外立面整治项目，项目是响应河北省三年大变样号召设立的，计划明年 7 月前完成，向国庆节献礼。今天我们已经把相关文件准备好了，你下一步工作就是与规划局王希江局长配合完成保二路前期设计工作。方案两个月后拿出来到区政府工作会上汇报。"

我带着任务回到了北京，思考后制订了实施方案，这就是与王希江局长先去了趟哈尔滨参观街道和建筑。我出生在哈尔滨，在黑龙江建筑设计院工作过 4 年，考上大学后来到了北京就读，毕业后留在本校清华大学美术学院从教 4 年，后又去日本留学工作 8 年多，这次与王希江局长一同回家乡与以往不一样，因为带着任务。时间紧任务重，要完成必须找合作伙伴，这时我和王局长达成了共识。于是我打电话给哈尔滨工业大学建筑学院副院长吕勤智副教授，把事情说了个明白，他非常高兴，当时答应见面研究一下工作。我和王希江局长与吕勤智约好去他们学校见面细谈，就这样保二路街道两侧建筑整治设计方案正式开始了。

首先翻阅了大量资料，借阅规划局档案图纸，与吕勤智分段进行，两校各为一组，由我担任总体方案的负责工作。他带领哈尔滨工业大学建筑学院研究生和青年教师，我带领中央美术学院建筑学院我的研究生，双方共同调研实地测绘，收集数据，绘制为方案所用的条件图。现场实地测绘时规划局王希江局长、贾局长陪同一起工作和研究。

经过一个多月的时间，完成了初步概念定位和基本图形。中期会审在哈尔滨工业大学建筑学院进行，双方学生认真勤奋努力工作，用 3 天的时间完成了初步方案梳理，达成共识。后期统一由中央美术学院完成。2008 年 8 月份在北戴河区政府工作会议上，由我向政府汇报，结果是全体责任领导和分管局长一致通过方案，大家异口同声地说："这才是北戴河。"

接下来是施工图组织设计，由于是旧建筑改造，很复杂，有些建筑图纸不全，甚至没有图纸，在构造设计方面真是寸步难行。困难再多也要把这次改造工作做好，这是大家的决心，为河北省三年大变样献礼，不辜负曹书记和景阳区长的支持和希望。期间王希江局长到处找资料，多次开会碰头会研究，CAD图在春节前终于完成了，保证了2009年4月份正式开工建设时间。

刚到现场时，产权户与商户的工作是很难做的，回想一下，没有王希江局长耐心细致的工作，任务还真的完不成。为了使施工图细化得到保证，我邀请哈尔滨一级建造师王忠瑶作为顾问，在现场，他画了大量的细部草图，并为工程顺利完成作出了贡献。无论现场多么艰苦，在政府的支持下、规划局的配合下，终于在2008年7月20日完成了保二路街道两侧建筑外立面整治项目任务。

在旧建筑改造中，有很多体会，最终我们认识到，信心比黄金更重要。这个暑期北戴河真是热闹了，有市长的鼓励、省长的表扬，各地方负责领导组织来北戴河参观学习经验。天津市委书记组织各局委负责人前来学习，那几天规划局长王希江成了专业导游，一天介绍五六场。

成绩的取得让全体项目参与者增强了信心。总结在施工时的经验，我配合规划局长王希江为政府提出了很多相关有价值的资料。暑期还未过，区委曹书记又叫我到他办公室谈一下2009年改造计划。我与王希江局长一起在曹书记办公室开了碰头会，并制订了下一步计划，任务是继续再为北戴河设计5条路。

回想这一过程，能够取得成功，获得省级二等奖真是来之不易。面对当下中国各地的城市整治工作，特别是对旧建筑改造，我们的成功经验就是在政策与法规的范围内，改造应做加法，让大家满意。

坚持的思考

中央美术学院建筑学院 王铁教授

2011年5月22日下午4点钟左右,我坐在工作室的椅子上,心情终于放松,作为本次课题组组长的我松了一口气,第三届四校四导师实验教学圆满结束了。回想这90多天,经过师生共同努力奋斗,交上了一张让人满意的答卷。回想四校四导师实验教学课题经过几年的努力和过程,教学与课题及其成果得到了业界广泛认可,特别是受到了清华大学美术学院副院长郑曙旸教授,中央美术学院副院长谭平教授的肯定和鼓励。今年实验教学课题又增加了新内容,增加了硕士论文部分,研究生的加入让课题更加丰富了,理论性更强了,课题组导师深信四校四导师实验教学一定能够坚持做下去,因为质量是它的生命力。全体课题师生认真努力,为的是在中国设计教育探索中提出有价值的学理化教学案例,四校导师争取在中国环境艺术设实践、设计教育课题的探索过程中争得话语权。

是艺术设计教育需要环境,还是发展中的环境设计教育需要综合艺术与技术设计教育,这是现阶段业内人士的话题。话语间流露出尊重自然科学与设计艺术,这成了业界人士流行语,掌握新课题流行语显得能让业界同人有几分敬仰,同时也显得学科时尚。当下中国环境艺术设计概念框架下,存在着诸多尚未定位的领域,如何建立环境艺术设计系统下的统一战线,是中国未来设计教育还要面临的真正挑战。四校四导师实验教学课题在有些问题上进行了有价值的探索。

2010年某些国家提出中国威胁论问题,2011年又让世界看到了面对各种国际国内复杂问题下中国人的凝聚力,同时也让世界看到了中国在发展过程中出现的问题。时下各个院校正在深思设计教育学理化、绿色化、科学化,目的是要让中国设计教育向多元化发展,成为国际一流。把握绿色设计、绿色教育并非易事,绿色设计到底需要有"多绿"标准,值得研究。伴随着中国已开始在国际舞台上扮演着积极角色,面对不断变化的世界先进教育压力,艰难探索与选择摆在了面前。从人类发展史可以看出,建设、教育、设计业是发展的风向标,都与经济发展有关。

今天中国食品问题出现的危机,相比中国设计教育业确实惨了些。现实中很多问题的出现都说明了"无知者无畏"的现实,为此深化设计教育改革任重道远。也许中国设计教育业从来就没有意识到严重危机。现今美术院校的风景是,学生大多数每天在幸福的校园环境中生活,学习不够认真努力,但是人们羡慕他们的光环,对他们送去笑容。他们微笑并摆出无畏的姿势,却不知自身已是危险一族,"时代的高危群落"。实践证明,也许"危险也是生产力"。四校四导师实验教学可以拉紧他们,因为四校四导师实验教学重视设计基础教育,启发学生用科学发展观去看待问题,锻炼他们,使之心理阳光。实验教学让设计教育模型化、学理化,研究的问题是当下院校设计教育与社会实践,是在指导过程中亟待思考的问题。要定位"话语权"不能急于求成,要用些时间去探索,探索需要多学科的有识之士参与,快速建立符合中国实际国情的设计教育体系。要面向未来,着眼现在,四校四导师努力培养出具有国际水平的高素质人才,负责任是院校设计教育能够继续探索的当务之急。

四校四导师实验教学课题，我在广州美术学院召开的 8 所全国美术学院校教学研讨会上作了深入的汇报，得到大家的好评，得到了院校主管教学院长的肯定。在与全国其他院校设计学科教学交流、行业协会交流、企业设计单位调研中介绍四校四导师实验教学课题的重要意义，实验教学是基础，中华室内设计网 A963 网页记录了课题发展始末。

从学生毕业工作后返回的信息来看，四校四导师实验教学课题最大受益者是参加课题的学生，他们回忆那段时光，话语间无不带有感慨与感恩，这就是用心血努力工作的导师团队最大的精神支柱。深知设计教育探索之路还很漫长，需要全体同人继续发扬为中国设计教育不断创新的教育工作者精神，坚持到底。

今后摆在导师面前的是如下 10 条：

1. 坚持四校联合教学探索模式；
2. 坚持四导师教学实践导链；
3. 坚持社会实践导师指导教学路线；
4. 坚持本科生教学多向基础原则；
5. 坚持研究生参与实践教学探索；
6. 坚持企业主创设计师指导毕业设计路线；
7. 坚持学校与企业与学生毕业设计教学路线；
8. 坚持毕业设计课题四校共同选择教学路线；
9. 坚持四校四导师教学实践与专业协会的互动发展；
10. 坚持四校四导师教学实成果共享理念。

2011 年 6 月 22 日于北京
方恒国际中心工作室

"设计影响中国"带来一个现代化的信息社会

——专访中央美术学院建筑学院 王铁教授

2008 年 4 月 25 日至 27 日，由中国建筑装饰协会、清华大学美术学院联合主办的第三届中国国际设计艺术观摩展在深圳举行，本次观摩展围绕"设计影响中国"的活动主题，邀请了国内外著名专家及设计师进行学术交流与精品展示。香巴拉对中央美术学院建筑学院副院长王铁教授作了专访。以下是访谈内容。

香巴拉：

对于已经有两三年工作经验的年轻设计师，是否可以自己开一个工作室？

王铁教授：

常言道：努力工作 40 年时间才能真正成为一个成熟的设计师。现在建设的速度快，设计项目多，现实情况使很多人能够从事设计这个工作，同时又使很多设计师在急于求成的情况下做了很多思考不够深入的作品。比如到开发区一看全是一个设计思想、一个模式指导下的时尚设计，不同之处只是楼高点矮点。现在全国的开发区都出现了相同的问题，那就是在同一个思维方式下建造设计模式。材料是一样的，标准是一样的，个体没有太大差别，似乎我们在做一个标准的推广。若干年后旅行社可以关闭了，风景这边都一样了。

国际知名大师除外，目前现象是很多境外设计师在该国并不是很优秀的，他们带到中国的设计理念自然也不是一流的。这些境外设计师参与中国现在的设计实践告诉我们，他们带来的理念并不是先进的，视中国为探险家的乐园。部分年轻人以这些境外设计师闯荡中国设计市场所产生的影响为学习榜样，现实反映值得深思。冷静思考面对改革开放 30 年，现实中成功和失败的经验，才会使我们认识到中国究竟需要什么样的设计师。

香巴拉：

您刚才提到"千里马常有，而伯乐不常有"，那么如何培养伯乐？

王铁教授：

很苛刻地说高考学生是有标准的，国家每年按分数线录取是有标准的。但是对于伯乐来讲，国家并没有详细的法规标准可循。需要培养伯乐的时候到了，有了好伯乐才能更好地发现千里马，更好地训练它。

香巴拉：

中国的设计现状是什么？

王铁教授：

中国设计的今天是改革开放 30 年的成就创造的，今天速度的发展带来了人们开始把注意力放到基础理论建设上。现实发现缺少这份基础，现在完全停下来作基础理论性研究是不可能的，只有选择在运动中完善基础理论建设这种模式，才是最好的选择。所以给设计师带来了压力，迫使他们在运动中协调去处理问题，跟上世界设计业发展。

今天看到的许多案例，很多作品仍然是在中国传统经典的符号上去做放大或缩小，没有任何理论上的突破，只是视觉上的表现，这是一件最悲哀的事情。而且作品都拿绿色、环保、生态来说事，实际上实现不了。

香巴拉：

中国的设计如何与国际接轨？

王铁教授：

发达国家的高水平不是我们一年两年能达到的，它是一个长久的，几代人努力，文化积淀等多方面情操以及综合能力、整体素质达到提高了才行。我们要跟上他们，首先要解决前面所说的条件，就是之前说的基础教育。目前学生和师资这方面达不到国外先进水平，谈国际接轨是一个空头目标。我们与先进国家对一个主题的表述存在认识不同，有差距，因为还没有达到一个相同的层次，要认识到有差距，想一下子与国际接轨，不太容易，只有认识到才会有意识地迎战。

香巴拉：

今天讨论设计影响中国，您认为设计对中国的影响是怎样的？

王铁教授：

回答这个问题，这属于复杂的层面，需要展开说，但设计的影响给我们带来一个现代，一个时尚、快捷、生态的信息化社会，这是有目共睹的，同时也给我们带来了强大的压力，这是现实。如今没有迅速在第一时间作出反应，认真思考，创作出的作品就是不尽完善的作品，面对国际社会就会落后。比如，城市有城市的快速反应部队，设计也是一样。因为现在规定在同一时间招标，所有的企业和个人都必须在规定的时间内完成，就像考试一样，你说你有文化，但你动作慢，答不上来，你就要被淘汰。

香巴拉：

影响一个建筑师成长的最主要因素是什么？

王铁教授：

设计师在成长过程当中发现了某一阶段对他来说是特别重要的时候，那就是影响他的一个节点，但是每个人都不一样。也就是说因人而异，无法概定。

香巴拉：

最后请您给年轻设计师提点建议。

王铁教授：

设计实践是检验理论知识的平台，因为理论和实践是互动的。作为年轻设计师，先要做到什么？答：要具有文化素质作为基础，多点的爱好，是最重要的。比如很多设计师在参加各类评选时作品优秀我们都可以看到，可让他们去写一篇文章却很困难，设计表现对他们来说已经是轻车熟路，文字理论是他们的弱项。这是设计艺术与技术、内涵表现的危险信号。现在杂志、文章、报纸上都缺少批评，缺少批评的地方就缺少进步。

香巴拉：

非常感谢您接受我的采访。

更新过程中的城市发展

北戴河城市街道建筑景观整治设计

中央美术学院建筑学院 王铁教授

一、更新与保护

城市在发展过程中科学而有序的升级是对一座城市能否保持仪表的长期战略，如何对待历史街区中的建筑和不断完善城市系统，是考验设计业界能否理解政府相关政策法令适应发展同时又具有历史观的真实检验。城市更新改造一直伴随着人类发展，在矛盾中行走。实践证明，改建有价值的历史建筑既能保持原有文脉的科学发展，同时也能为不断新增的建筑与环境创造出一个兼容并蓄的城市生命良性发展之路。历史街区建筑环境可唤醒人们对传统文化价值的再认识。城市建筑与环境有序更新对于历史遗存和有价值的建筑来说是生命延续的最佳时机，为此把握机遇是研究与设计者应该具有的能力。近些年来城市人口不断扩充，现有设施不断被挑战，遇到了种种问题，在事实面前无论怎么样，对发展持肯定的成分应占主导。实践证明欠缺也是可持续发展的坚实保障。发展是需要成本的，以发展的理念对待发展，这为全社会积累了鲜活的经验，业者得到了国内外业界和受益其中的人民的鼓励。依国情言之改造保护有价值的历史建筑目前在城市开发建设中占有相当特殊的地位。严格遵守相关法规，制定出科学而有步骤的城市建筑与环境的梳理原则，既能丰富相关法规又可遵循现行法规，在调整过程中解决过去遗留的"遗产"。遵循科学而理智的规范，树立"以人为本"的基本原则，构建城市建筑与环境的合理建设体系，达到绿色、生态、低碳的人类理想目标。

据不完全统计，全国范围内国家级历史名城有近百座，省级历史名城也是 80 座有余，在全国现已突破 600 座城市还在不断城市化发展中，要始终认清发展原则，把握时机建立城市综合景观概念体系，构建着眼于人类未来生存系统的基础框架。

在城市中建筑是构成综合环境元素中的重要组成部分，它与其他环境元素之间关系是多重的、可控的。孤立看待它就会陷入致命的境地。失去特色事小，更重要的是影响旅游业，造成地域文化的消失。城市中的建筑好比一座博物馆内所陈列的内容，应展示它发展过程中的各个时期及其变化。一座城市的历史街区建筑之所以能合理科学保存，是生活在这里的人们由理智到科学的认识过程的综合成果。一座城市的风格是人们善待历史建筑的体现，是最好的名片史，是人类文明的综合表现。所以历史建筑在街区名胜保护中离不开它始终扮演着的、不可替代的历史痕迹。

城市街区建筑保护、开发、利用是尊重历史客观、促进可持续发展的基础，修缮历史建筑，改造环境，提升综合景观升级是时代的要求。"寻根"是建筑设计师在改造修缮中的命脉和依据，切记一座历史建筑的成功改造将会迎来不同寻常的称誉，反之，就会受到来自各方面的压力。为此，尊重历史和遵守法则是首位，同时还要多角度、深层次地认识历史建筑是城市街区景观的真正鲜活财富。工程中哪怕是一段墙和一根柱子，都要精心认真对待。

在北戴河街区整体改造中，收获是极大的，为今后再改造积累了丰富的经验，建筑改造成果得到了河北省及秦皇岛市领导的认可，得到了当地人民客观公正的肯定，就目前取得的成功总结出如下体会：

以改造街道为中心，放大分析、科学评估现有建筑价值，综合取证。

对现存建筑认真分析，评估构造体和建设年代，按其真实比例进行立面塑造。

对每一栋建筑认真测量，发现每一个现存细节，为施工打下基础。

对建筑结构形式认真分析，找出适合现有建筑装饰风格的外观形象。

按现存建筑实体绘制测量后的实体尺寸图，找出结构位置，为装饰奠定构造基础。

改造前做好对旧有建筑的可行性分析，提出多种解决方案。

多角度定位风格走向，注重改造后的综合预见场景关系。

严格执行国家相关法规，执行建筑装饰相关管理要求。

方案设计形成后要及时与产权户进行沟通，认真修正设计方案。

实施过程中要及时发现设计与实物构造体之间存在的问题，并迅速解决与施工有关的问题。

建立施工图纸与实体建筑的技术文档，为日后管理打下基础。

巧妙利用构造体与装饰构件的整体协调关系。

认真做好产权户的思想工作，强调科学与顾全大局的民风，尊重民权，耐心细致进行思想工作。

选材用料，加强科学减排，创造神似表达、为民所用原则，做到精神继承。

恰到好处地分析视觉传达设计，注重对有经营的店铺和企业形象的综合表达。

认真研究建筑形态，合理用材用色，注重对每一个环节的细部分析，防止千篇一律。

有效控制综合照明与建筑的关系，强调情景表达，反对过度照亮。

协调街区建筑与景观的综合设施之间的关系，为可持续发展留有余地。

当今，在重塑城市建筑与景观中，修旧如旧是基础，放大精神传承功能，强调"为我所用"原则，才是真正展示昔日文脉与现实文明的立体原则。修缮改造原则是为民所用，解决建筑新功能，历史得到了尊重，遗址得到了科学保护才是有价值的。

20世纪80年代后期，中国各大城市已经开始了对有价值历史街区及建筑物的保护工作，制定了保护规范，方法是由文物管理单位邀请相关专家组成协会，通过登记按时间年代分类，制定出四类历史文物保护原则，形成了各地具有特色的管理方式，起到了对历史街区建筑的保护作用。从而限制了任意拆除行为，为历史街区中的建筑再利用开辟了可行性道路，得到了多层次的认同。

历史街区改造的目的是再利用，发挥其文化作用与再创经济效益，精神继承与业态规划是激活历史街区建筑的内核，在这个问题上少数人群和组织机构、建筑设计师、景观设计师已意识到了重要性。建筑物体现的是以文化为其生长土壤，当然，新用途的开发在不同程度上会涉及已有象征体系的微妙变化，本着建筑为人所用的原则，建筑学与景观环境学正在发生转变。引导开创建筑创造的新思维，是城市街区建筑更新成为新建筑理念的重要组成因素，从而形成具有时代特征条件下的更新与保护。

二、街区历史建筑再利用与生态资源

街区历史建筑是随着时代脉搏跳动而不断发展创新的产物。只有与时俱进才能发挥其生命价值。当下，历史建筑改建成功案例是非常多的，在此不列举，也就是说成功转变不是今天发明的创举。高质量稳步发展会使城市化效果更好。防止打着开发"文化建设"旗号让许多历史街区在轰隆隆机器声中化身为重建用地。努力让城市景观梦想成为现实是人类的目标。

国内城市建筑与景观状况大致分为三阶段：

1. 1949 年以前半封建半殖民地的城市化时期，由于战争动乱毁坏了许多有价值的文物级别建筑和街区；新中国成立后加快国家的基础建筑建设速度，也毁掉了一批历史建筑。

2. 1979 年一些城市提出历史建筑与新建筑环境不符，又拆除了一批有价值的建筑。

3. 2009 年人们认识到城市对于人的精神功能属性，开始尽全力保护中华历史遗迹。

随着国际上对人类文化遗产的重视、地位的确定，现时保护修缮工作在不断得到重视，提倡"旧屋新用观念"。如今建筑与城市发展让人们可以捕捉到建筑过去的价值，合理利用前人的这份遗产成为发展的新动力源。建筑再利用成功与否取决于建筑师能否发掘现存建筑再发展的潜力，激活成为新生命服务于人。需要注意的是，在城市建设与环境改造过程中，对那些有异议的旧建筑应组织相关人员评估后，再作拆除或采取原址新建，绝对不能作错误的改建。

错误的改建会给城市造成不可弥补的伤害，要坚持文化和科学原则，将城市主要生态支撑系统的环境消耗维持在最小的程度，尽可能地保护包括绿化在内的传统的不可再生资源，让传统文化成长在有尊严的国土上。

三、改建过程中技术与艺术

脱离技术与艺术的建筑是没有根基的。建筑发展的历史可称为建筑技术和艺术的发展史。人类无限的创造能力证明了人类历史的辉煌，伴随着主体式城市创作，技术是建造的实现者。新技术和新材料不断出现，要求设计师理性把握、科学论证，不能放弃这项基本原则，强调"适用、经济、美观"。

在对旧建筑改建与保护过程中，对其旧有结构体的利用及其安全系数加强要摆正位置，要对被改造建筑进行综合评估，制定可行性分析报告，包括对其历史意义与现实意义、地域文化、建材种类、施工工艺等全方位进行分析，以求对其重塑恢复昔日风采，并得到完美的结局，这就是修缮的原则。改造中的指导思想，要求从多角度分析旧建筑设计思想和历史年代，分层研究，理解时代所带来的历史痕迹，在施工图组织设计时应解读施工程序做法，更重要的是如何组织现存已掌握的技术对建筑进行重塑。

施工过程中，要求设计师与施工技术人员都要具备良好的个人素质，要对中外传统建筑有深刻的理解能力，要熟练掌握中外传统工艺技法，在施工中严格规范执行法规，深化图纸，最大限度地发挥现代匠人优势，创造出让大众理解的作品。发展中国建筑达到高质量，登上新台阶，为全面解决新功能的使用要求，建造过程中要求必须做到技术与艺术的完美结合。

四、用探索旧建筑改造的方法，指导建筑与景观设计

在对北戴河保二路建筑与景观改建中，合理是成功之本。技术与艺术方面还有很多有待深入研究的部分，总结经验，在设计中优先考虑了如下内容：

对被改建部分进行综合分类，认真研究，找出哪些是可以再利用的部分，哪些是必须改造的。

改建的前提是更好地完善新功能，如何做到让改建后的建筑融于整体环境，内外功能更有魅力。

改建定位非常重要，根据现存构造体情况，指定建造计划，对保留与拆除要有界限。

利用旧有建筑形体，进行合理组合，创造出适合新使用功能要求的建筑形象。作技术可行性分析，找出解决途径，创造适合现代生活要求、体现行业精神风貌的建筑。

2010 年 6 月 18 日于北京方恒中心

设计的民族性与中国特色

——专访中央美术学院建筑学院 王铁教授

记者：

王教授在 2008 年里您印象最深的建筑或室内设计是？理由是？

王铁教授：

2008 年 8 月在广州参加中国建筑装饰协会理事会期间，经朋友介绍到了广州南昆山"十字水生态度假村"。进入村口，迎面是一块牌子，牌子上中英文写着"AN ELEGANT RESORT BUILT BY AN INTERNATIONAL TEAM 国际团队精心打造的顶级生态度假村"。坐落在这优美环境之中的是美国建筑师、美国室内设计师、英国景观照明设计师、美国艺术设计师、哥伦比亚竹子建筑师五人团队的联合作品。读他们作品的过程中我的体会是多方面的，首先在生态观念上最值得学习，其次是利用地形地貌对建筑的表现，选材是以传统理念展开的，因地制宜，依山而建。有中国文化渗透其内外，又有国际建筑文化生态理念表象，可谓意境有余。深感山中无孤寂，只缘身在此山中，让我很是感动。

近些年来随着农家游的升级版，各地都有相近的主题，可以看出国人对生态保护也逐步走上了以环保为主题的合理性开发使用之路。望这种时代文化能够走得更深入些。

记者：

您认为"中国设计"是身份识别的问题，还是民族情结的问题？也就是说，当人们提到中国设计的时候，是指设计本身具有中国特色还是指中国设计代表着某一水准？

王铁教授：

设计是民族与大民族概念上的小我与大我的辨证关系问题，当然缺少地域和民族文化情结的内涵是没有生机的。我不想展开去谈这个问题，但带着中国当下先进设计文化思想与了解各民族发展史参与国际间相关专业是迈向大民族概念的最重要一步，这是更重要的，将融合后的民族文化，以新的视觉形态表现转化到各民族共同的精神层面的广意深度才是我们要提倡的民族情结。

当下行业在打造中国设计这个新课题，许多问题都会在前进过程中出现，用科学的发展观去应对是最好的选择。提到中国特色时应该从基础理论建设出发，在实践中建立和完善自我修正的理论体系才是中国式特色，过去称之为干中学。中国设计是反映现阶段中国的综合层面，而完善它还需要走很长的路，水准就是中国人正在认真地对待现实质量问题。

记者：

您觉得中国设计必须通过中国元素来实现吗？

王铁教授：

随着时代的发展，每一个民族的元素都必须经受一个多元外力冲击的阶段，中国元素也不会例外。当然说中国元素这个话题前必须要区分隐性元素和显性元素。隐性元素是需要综合的细品后，才能够通过联想展现在眼前，这需要有良好的教育背景作为基础，目前中国的大多数人还不具备这一复杂的综合能力。显性元素不用过多解释了。比如，把古代的元素直接拿来使用，当下常见的手法就是以原形文化做装饰直接摆放到任何一个部位充当视觉中心，这种方式比较容易让很多人认可。这就是人们常说的拿来"实用装饰手法"。

当下的中国元素也遭到了来自世界各民族文化和先进科学技术的激活，不可否认中国元素正在自我更新中，以什么样的新形象重新出现在世界文化舞台上，还需要更多的有识之士努力探索，可以肯定的是，实现中国元素的时代更替使命正在加紧完成探索，有中国文化做底蕴的中国元素在不远的将来就会出现。

记者：

最近在忙些什么？有什么心得和收获？

王铁教授：

最近教学任务比较集中，每天大部分时间用在教学与管理上，两个月前与哈尔滨工业大学建筑学院共同承担了以硕士研究生为主导的研究课题，题目是"北戴河保二路街道景观、建筑综合改造"，目前此项目已被政府列为河北省三年大变样重点课题，课题组同学和老师都认为有很大的收获，同时也为兄弟院校之间的教学交流作了一点尝试，很值得延续。

研究课题现正在最后整理阶段，预计年底能够出版发行。上周又开始了新课题，这次是四校联合，即中央美术学院、清华大学美术学院、哈尔滨工业大学建筑学院、四川美术学院硕士研究生共同完成，已进行了两次中期汇报，一切正在良性发展之中。

记者：

分享您喜欢的书，音乐或影碟吧！

王铁教授：

最近经常出差，在机场等候时买了一些杂志，对中国奶业问题、华尔街痉挛、孟学农二度辞职问题、两岸"三通"改写历史问题、超越肤色的胜利、最糟糕情势下的营销问题都是特别关注，因为这一切都影响着我们的下一步。

音乐方面只要是轻松一点的我都喜欢，碟片吗，很少看，应该找个时间注意一下。

记者：

改革开放 30 年之后的 2009 年是个新的起点，对室内设计行业，对您从事的教育行业，您的期望是？

王铁教授：

首先我把前几天写的思考引用一段，然后再说设计教育。

话语权——环境艺术设计最后一块净土"之争"。

是艺术需要环境，还是发展中的环境需要艺术，这是现阶段业内人士的话题。话语间流露些尊重自然科学与环境艺术是业界人士流行语，同时也显得学科时尚。当下环境艺术设计概念框架下存在着诸多尚未定位的领域，如何建立环境艺术设计系统下的统一战线，是中国未来设计教育还要面临的真正挑战。

2007 年世界提出中国质量问题，2008 年又让世界看到了面对灾害中国的凝聚力，同时也让世界看到了中国奶制品业的问题，时下让人深思绿色设计、绿色奥运到底有"多绿"，伴随着中国已开始在国际舞台上扮演着积极角色，面对不断变化的世界与压力，艰难与选择摆在了面前。从发展史可以看出，设计业是社会的风向标。2009 年是中国设计的而立之年，要有新举措。

中国奶业今天的危机，相比中国设计业确实惨了些。无知者无畏。也许中国设计业从来就没有意识到危机？现今风景是从业者大都每天在幸福的光环上微笑地工作。可称之为时代的高危群落。也可能危险也是生产力。

重视基础教育用科学发展观看待问题是当下从事教育与社会实践亟待思考的问题。定位"净土"不能急于求成，要用些时间去探讨，需要多学科的有识之士参与，建立面向未来、着眼于现在的快速反应团队，负责任是当务之急。

院校设计教育一直都是在探索中发展，目前教育行业是要打造培养战略团队，面对学苗、面对师资，合理规划，长期计划。稳步发展需要全民有良好的心态对待面前出现的所有问题，办教育与育人都是百年大计，当然我不反对实践与探索的轨制。面对发展过程中的"中国教育"持肯定的态度是：绝大多数人群都能够认可来之不易的现阶段。我相信随着社会不断发展，因人培育与社会需求还是一个值得研究的课题，为提高设计教育奠定坚实基础，解决师生比是最重要的，这是质量的底线。

我作为从事20多年教育的一名教师，对中国的设计教育充满着坚实的信念，下一步的发展不会只停留在招生人数上，质量是中国设计教育的度量衡。行走中修正是中国教育的特色，要相信这一点。

记者：

最后，谈谈您对《J&A》的印象和评价吧！

王铁教授：

自《J&A》季刊诞生以来，我每期必读，总能发现些对我有益的东西，作为设计公司除了能够把自己公司的作品介绍给业界外，还能够把国际上正在发生的业界新闻传达给相关企业，是值得称颂的团队。

《J&A》从追求设计作品时代感出发，在技术与艺术上注重巧妙的对接，作品介绍讲求价值的效应，更讲求科学的商业价值观，为同行业架起了希望彩虹，实现了自我价值，造就了《J&A》设计团队，两次荣获"年度最具影响力设计团队奖"。我认为这个团队有着美好的未来。

"装事"与装饰空间

半先进与半落后思想条件下的中国环境设计业

中央美术学院建筑学院第五工作室　王铁教授

摘要：面对不断发展和发展过程中所带来的诸多问题，需要用科学而冷静的心态去解决。时代的发展给设计教育提供了更宽广的平台，正确认识现状是行业前进的基础，目前中国设计业无论是教育还是职业化方面都处在半先进半落后时段，改变是需要环境条件的，本文从不同的角度分析，提出可行性建议，目的就是要在装饰设计与室内建筑设计师群体中起到一定的意义，改变半人半鬼的现况。

关键词：半先进、半落后、半人半鬼、帮凶、厚道、"装事"、装饰、文化、综合素质

一、光环中的幸福感与现实中的设计师

　　建筑设计市场一派繁忙，建筑设计研究院、国企、名建筑师们存在着只做容积率和建筑面积、法规的部分。有很多图纸上出现奇怪的现象，经常可以看到建筑师在图纸上写着，建筑外观见二次招标设计，室内设计见二次设计，环境景观更是详见二次招标设计，看了这样的图纸，我们又以何言去形容内心的感受呢？

　　另有一种说法，只因中国的建筑设计师现在还很不聪明，才给室内建筑设计师的成长创造了良机，那么室内建筑师接过建筑师踢来的皮球又是如何射门的呢？其结果我们可以从中国各地已完成的项目中得到回答。

　　在中国设计业中，建筑设计师队伍是最完善的，无论是法规还是从业人员素质，这一方面可以从各项设计法规的建设上感受到，为此建筑设计的方方面面成了建筑装饰设计的范本。虽然目前我国的建筑师队伍还不让人太满意，但它的体系相对其他设计职业确是完整的。对比建筑装饰设计、室内设计师队伍倒是比较热闹的，从业人员是来自四面八方的多种职业的改行者。大部分设计师在很多基础理论和知识上基本处于零的状态，在技术层面上的反映就更是热闹了。在这一群组中，构造体是什么的提问始终都没弄清楚，反映在现场用的施工图基本上就是示意图。出现设计师不到现场谁也看不懂图的真实故事在大江南北流传，而这类型的室内建筑设计师就成了谁也看不懂图的讲解员。其结果是"装事有空间"、"装饰空间无"。

　　从不规范的施工图到没经过职业技术训练的工地工人，真可称奏响了一曲现在中国室内建筑设计与施工的某一个层面的乐章。就是在这样一个环境中的设计师群组，他们的思想正处在半先进与半落后之间，他们每天都沉浸在幸福感中快乐地度过。

二、装饰设计与匠人

　　说谁是匠人在今天成了贬义词，这是走出国门而又返回设计群体中不能自解的一件事情。设计深度不够，工程项目精度不够，恰恰是设计群体中缺少了匠人，在今天社会发展完全把匠人排除在行业之外是目前的建设装饰业最大的缺点。

古代兴建土木"无匠不成建"，这是历史，匠人是装饰历史的文化表现，要客观科学地去研究。时至今日，只要有匠字就是不现代和没文化的代名词，经常使用建造这个词的本意就是匠人的用语。今天的匠人（手艺人）与传统意义上的匠人是要有许多区别的，新匠人要在完整理解设计思想的前提下结合传统工法科学地施工。现今广泛开展对建造师的培养与职业考试，就是对传统匠人在新时期发展的投影。面对国内的建设业市场，无论是数量、质量标准都离行业要求差得太多，根本就无法满足市场对新"匠人"的需求。新"匠人"在今天的责任仅在建筑设计师、室内设计师之后，并已形成了导链，他们的作用是完善装饰施工技术不可缺少的重要组成部分。

怎样使现场施工人员都能达到新"匠人"的标准是非要解决的头等大事，装饰设计在建设工地上出现什么样的问题都直接离不开他们，如建立施工中节约的责任人制度、施工进度、质量保证等。只有经过严格的培训施工技术人员——"新匠人"，才能创造出高质量的名优项目，这是设计师的心声。伴随着机械化施工的大量导入，工地上的人将越来越少，技术要求也相对更加严格，未来中国建设施工主导力量绝对不会是以"农民工"为主体，这是必然，半落后、半先进条件下的"农民工"与建设施工技术人员是两种行业，没加培训是不可同视的。

提出设计上的"匠人"要消逝，不是反对传统，而是要深化传统，因为传统不是直白的，是综合体。装饰设计要求设计人要有完整的教育背景、优秀的学识、文学与艺术修养，更要掌握建造技术和相关法规。现在全国多家专业团体都以不同的形式组织了培训室内建筑师的各项工作，并且迈出了可贺的一步。现有完整的中国建筑装饰协会室内建筑师培训教材及习题，马上又要出版《中国建筑装饰协会景观设计师培训考试教材》，为从事室内建筑设计、景观设计师的群组提供了培训的可能，为这份职业深入学习是值得的。

什么人具备从事室内建筑设计、景观设计师的工作呢？学完了，考完试，得到了证书，最终的实践结果就是答案。

三、设计群体与独体的综合素质

改革开放 20 多年已过去，在各类改革政策的指导下，中国完成了许多特大建设项目，从三峡大坝到国家大剧院，从上海浦东机场到奥运项目、北京中央电视台新址建筑设计等，其中有国人建筑师独立完成的作品，但多数的项目设计还是被先进的境外建筑设计公司包揽了。在设计职业多样化的实践过程中，建筑设计、环境艺术设计由原来的部级院、省级院、市级院、县级院当中，涌现出了集体合伙人和个人设计实体。它的出现给中国的设计行业增添了丰富而有活力的市场机制。境外建筑设计事务所的渗透与激励，使中国的设计市场快速成长，不断完善。结果告诉我们，国内设计业面临重新洗牌、重新上路。

政府为进一步规范市场，制定了新的政策，尽管新政策有许多的优点，但对国内设计企业的经营将造成很大影响。现实告诉我们，国内设计业重新洗牌即将到来，不可阻挡，市场的开放必然使更多的国外事务所进入中国，今后市场竞争将会更加激烈。国有大型设计企业因为种种原因普遍存在较重的历史包袱，创作和企业生存双向抓。对比之下，进入中国的境外事务所的负担和压力小得多，虽然他们的建筑市场已经萎缩了，但科研、设计水平依然不断发展，在很多技术层面和理念上更是超过我们。

境外事务所进入中国后，大量使用本土设计师是他们的战略，很多企业的优秀人才被吸引去了，这对大型国企的发展非常不利。如今国家已开始推行注册执业资格制度，并允许个人设立专业设计事务所，这会加速国内建筑设计市场的分化与重组。从大企业出来的人，一下被分成两段，一是被国外企业挖走的人才，二是有能力的员工也可能自己开设事务所，其结果是人才流失严重。

现在市场竞争也是来自于多方面的，国内市场的不断分化和国际市场的不断打压，可谓是内忧外患俱存。如何应对新的市场环境，这是现在国内设计单位迫切需要思考的问题。

提高素质教育已成为今天建筑设计、室内设计业的头等大事，在近100万的室内建筑设计业从业人员中，受过正规完整教育的比例相对市场上的需求太少，设计师的质量更是让人忧虑。现在市场上是数量与质量不相匹配。从目前国内专业协会与学会组织的活动中不难看出，人才的危机感是各专业组织亟待解决的实际问题。

中国目前建筑装饰行业主流组织分别是：中国建筑装饰协会，中国建筑学会室内设计分会，中国室内装饰协会，中国美术家协会环境艺术委员会，他们都在争相搞设计师培训，搞设计竞赛、学术研讨会，目的都是为了提高中国设计师队伍的专业化水准。

四、设计师拿多少证能得到证明

目前各个专业团体飓风式地培训室内建筑设计师，虽然这些组织想为中国从事室内建筑设计的设计师们解决只有身份证的历史。可发放的诸多证件，哪一个是管用的？这样下去中国的室内建筑设计师要领多少证件才能够得到正名？纵观世界同行，中国的室内建筑设计师一人多证是世界之最，在不知何处是路的室内建筑设计师面前，他们该领哪几个证？人人要问的是高级、中级、初级哪一个管用？

无论是哪一个学术组织，办公室内建筑设计师培训班和建造师培训班，目的是提高设计师综合素质教育，切记，严格把关，宽进严出，这绝对不是游戏，对此责任者要三思。

培养人才也需培养人才的人不断提高自身的综合素质，这是时代的要求。在很多地方组织守大门的人，无论从哪一个角度看，都已是落后于时代的专业人才了。有人称某些组织是余热者的乐园，这部分掌门人所说出的话和所做的学问都像一个算卦先生的言语。中国设计业的提高目前该轮到某些决策层了，该到为高层专业人员办班学习的时候了，因为他们时常发出误导的信息。让这群组人学习后再上任，继续为党、为国、为民贡献余热。那样行业活动将会出现全新的惊喜，而不是每年的重复无新的厉行活动。

社会流行的素质教育，不仅针对在建筑设计业，而是全民的素质，只有素质教育解决了，各行各业的问题也就自然得到解决。

五、装饰设计、"装事"思想观念与半人半鬼的现象

装饰：是设计大系中的导链，它与原创空间有着许多前因后果，相互联系和制约是其工作方式，在装饰设计中必须重视这些因素。例如：建筑空间与周边环境的关联性直接会影响到室内设计的空间序列。现代室内装饰设计所创造的空间环境是综合的空间环境，它需要视觉环境、声光热电等物理环境、心理环境的直接反映，是需要文化氛围的综合体。

物质文化生活水平的不断提高，使装饰设计所涵盖的寓意和内容日益增多，身份地位及档次都直接影响着设计师们的方案拟订，装饰设计所体现的内涵和寓意是检验设计师综合能力的一面镜子，今天流行的行业语汇可以证明设计师对装饰设计的广义未来的认识，塑造艺术气氛、空间格调、空间情趣、空间个性、空间造型、空间色彩氛围、文化内涵日趋得到展现，这绝不是一般的社会现象，它反映出国民整体意识在提高。

"装事"：大街上到处可以看到建设工地，有政府项目、集体项目、投资人开发项目。先不说项目实力如何，看着巨大广告牌上的图与字，作为一个有着文化的人又是如何反映呢？在某大街上，新开盘的项目的大广告上醒目的写着"名媛意识流、绅士聚光场"、"给你设计一种生活方式"等华而不实的言词，听起来让人不知如何是好，生活是能让什么人都能设计的工作吗？人们要问这样的楼盘广告，建筑师看了就没有任何反响？同流思想不能说没有吧。其结果是开发商开哪儿哪里就伤、设计师、广告代理商、建筑设计师、室内建筑设计师在相互联手欺骗可怜的业主，难道这样的设计师群体不是在"装事"吗？

目前的建筑师、室内建筑师工作范围已远远超过了他们应该承受的范围。对设计师来说，把设计做好才称得起合格，卷入商业广告式的词汇中并用其来弥补不是的设计理念是错上加错。装饰，用平静的心态对待职业设计工作，是设计师创作的源泉，"装事"半人半鬼的虚夸要去掉，帮凶的思想要去掉，多一点原创的本分，就是厚道。

六、设计的地域文化能存在多久

总有一天设计的地域文化会消逝的。道理很简单，在今天谁能说 "圆" 、"方"是自己

民族的专利？在各国家、各地区人们是不会深究圆、方是本地区本民族的遗产，并申请联合国教科文组织确认。圆与方是形态的原型，只要是同人类智力相同的群组都能共享其遗产，只有在这个基础上设计才能得到发展，这个基础就是创造加科学。科学是不存在民族性的，科学是人类追求的完美目标和理想，是人类值得为之而奋斗的发展目标。

地域文化在今天之所以存在（特指建筑设计、室内空间设计），是因为我们还不够发达，按照人类的进化时期划分，可能我们还处在一个很初级的阶段。人类共处在一个地球上生存，由于经济和文化的不平衡，产生的结果也不同，这样的结果绝不是一种表面现象的演绎。

回首人类早期发展过程，不难看出有许多共同叠合的发明，不是身居同地，为什么还出现了那么多的偶合呢？这说明人类有很多共通的创造思想是共同拥有的，其结果反映到对科学与技术上的结局是不谋而合的。

不合之处主要表现在经济与文化技术不发达的地域，在地球上在今天还有人过着原始人般的生活，这能说是谁保留的遗产吗？值得深省。当然不发达的地区在建筑房屋时有他的方式，这种建造方式就是地域文化吗？因为他们所使用的建筑材料是就地取材，多为原材料，这是最能说明问题的。我们现阶段鉴定发达与不发达主要的依据就是看有多少资源、文化与技术，三者加起来就是我们所说的先进与否的定位。在这个问题上全地球人有共同的认识。

人类的文明最高境界告诉我们，不发达的地区应该由发达的地区带动其成长，加快成熟期，消灭落后给人类带来的地域差别，共同奋斗是建筑设计师和室内设计师的奋斗目标。目标的实现靠的是科学的思想态度和可持续性的经济原则。

科学的普及是地域文化的进步，科学的实施过程是地域文化走向光明的过渡时期，也是地域文化走向未来的过程，科学的终极是地域文化逝去的结果。未来的建筑装饰设计是我们追求的目标，那就是科学，为了这个目标的实现，要求建筑师、室内设计师在工作中更加重视科学，注重探索。

当下思考

中央美术学院建筑学院　王铁教授

教育

义务教育是不收钱、免费、强制的，对不让孩子上学的家长是要追究法律的。全国现有3000 所大学，教育部有 100 所，其他都是地方政府的和少量私立学校。办教育第一是师资，第二是钱，第三是物。学生选择学校是要跟优秀学校、优秀教师而学习，可是师资水平在短期是做不到一般齐的。没有效益的公平不存在，高等教育是需要全国人民长期努力的目标。有再好的建筑物，没有教学的人也是办不好学校的。普及 12 年义务教育是目标，扩大教育范围，严谨教学质量是重中之重。目前中国高等教育已进入大众化时代，今天"知识就是力量"在全中国广泛传播，得到了国人的认可。

义务教育是德国提出来的，并完成了自己的教育体制。经验告诉人们"治贫先治愚"，中国人是先发展教育，后发展经济，最终达到贫愚双治。强国梦经过几代人努力，认识到学习优先，世界各国都在构思高等教育，因为高等教育出人才。

中国教育已树立目标，在教育方面超过了美国，就会自然做到在经济上超过美国。表面看各个国家都在进行军事竞争，实质上是在抓教育竞争，人才竞争。做好实体教育（工程与技术）、虚体教育（文，哲，律师）国家就会强大。目前全国在校学生 2900 万人，美国人已非常可怕，它的精英人口和我国的学生数相同，可美国人说："也不可怕"。美国人认为我们把培养修冰箱的人加进去了，无论怎么说发展变化是硬道理。多培养工程师是国策，职业教育和大学教育属两类，没高低。教育质量证明，我国已从人口大国向人口资源强国发展。尊重规律加强发展就是科学发展观，中国和 60 年前不一样，职业教育和大学教育发展迅速，中国与 30 年前不一样了，这就是办教育培养人才的效果。

发展文化事业，作多项思考是提高国人综合素质的前提。旧时代想"出人头地"只有两件事可做：一个是读书，一个是造反。今天的中国只有读书了，时代要求教育优先，培养优秀人才优先。现在高等教育制定的教育标准是当前大法，有了标准就可以与发达国家争水平。培养学生不能像机械化流水线生产，要求学生一个样，教育需改变方法，把短的加长，长的裁短，做到因人施教，解决上好学、读好书问题。当下中国设计教育要完善幼儿教育，重视职业教育，发展高等教育，做到立交桥式教育模式，不能走单行道，教育办活了，经济自然就活了。教师队伍基数尚可，但过分单一化，学生与老师发生矛盾应该多听学生的，大学教育要公平、质量优秀。中国长期的封建社会加上长期的计划经济社会，改革是长久的，是继续的，开放是继续改革的生命体，教育首先是利国，然后才是利民。

话语权

环境艺术设计最后一块净土"之争"。

今天的中国是艺术需要环境，还是发展中的环境需要艺术，这是现阶段业内人士的话题。话语间流露出尊重自然科学和人文。环境艺术一词是业界之外人士的流行语，谈起来也显得学科时尚。当下环境艺术设计概念框架下存在着诸多尚未定位的领域，如何建立环境艺术设计系统下的统一战线，是中国未来设计教育还要面临的真正挑战。

2007 年世界提出中国质量问题，2008 年又让世界看到了面对灾害中国的凝聚力，同时也让世界看到了中国奶制品业的问题。时下让人深思绿色设计、绿色奥运到底有"多绿"？随着中国已开始在国际舞台上扮演着积极角色，面对不断变化的世界与压力，艰难与选择摆在了面前。从发展史中可以看到，设计业是社会的风向标。

中国奶业今天的危机，相比中国设计业确实惨了些。无知者无畏。也许中国设计业从来就没有意识到危机？现今城市风景是从业者大都每天在幸福的光环中微笑地工作，幸福地活着，业者被称之为时代的高危群落，也可能危险就是生产力。

重视基础教育用科学发展观看待眼前问题，是当下高等教育的知识型与社会实践型是亟待思考的问题。定位"净土"不能急于求成，环境艺术是需要养护，业界学者无论描述什么，都愿意加上"环境艺术"，说环境艺术设计是最后一块"净土"不过分吧？

为保住最后一块"净土"需要业界达人用些时间去探讨，更需要多学科的有识之士参与，建立面向未来，着眼于现在的快速反应团队，解决问题，负责任是当务之急。

新角色

"新角色"让室内设计师重新定位。

走向更高层面的室内设计师，应该是景观设计与建筑设计的欣赏者。

"新角色"、"攻与防"、夺回民族传统风格文化，是谁出的题、基于什么背景下、为什么有那么多人跟进？是寻求"新角色"吗？时下建立系统下的设计教育体系框架是中国教育头等大事，它有助于文化跨越。尊重科学与法则是"新角色"的基础。然而目前室内设计的基础理论建设亟待加固，设计遇见了内外空间一体化手法，实践证明行走中的室内设计建立和完善理论体系是时候了。展望是业界今后方针，中国式的特有设计理论产品可归类为：多元，梳理，科学生态。室内设计融合中华民族传统建构文化，将传统精神转化到实体空间设计创造的每一个部分，是"新角色"时代责任。室内设计是空间设计的重要组成部分，中国建构空间设计带着民族先进文化思考与了解国际相关专业为主导的理念，迈向国际学术交流行列的舞台是空间设计"新角色"的任务。多轨制进行空间思考，转变心态业者才能够步入发展中的室内设计事业。

近年农业种植土地板岩化、疲劳化，集中反映到能否丰收上。不改变意识，眼下室内设计领域也会显现出设计概念的板岩化现象，导致无生机、无特征，速度上惊人，其显现是让人忧心的。严酷现实告诉"新角色"是时候了，表象该去掉了。要用发展观看待"百花齐放"，面对百花怒放的到来不能不知所措。设计建构多元和谐发展，"新角色"要合理建构特色寻找出路。一切都已反映到设计行业，建立设计系统是前进的理论关键。"新角色"要做发展中的参与者，探讨合作是大赢，慧眼分析科学与艺术的形式发展，表达的是"新角色"未来的潜在。

看家之本

手绘对于原创设计师来说是生命，是看家之本。原创构思离不开草图表达，建立以实体空间概念为依据的手绘体系分析是创作的源点。当今虽然是解放重复性劳动的科学时代，电脑在劳动强度上代替了人脑，可是规范下操作的快捷键让智者孤寂无奈。经常出现年轻人手写汉字丢三少四，只能依赖电脑，一旦停电不知所措。每年全国有各种形式的手绘大赛，可还是唤不起业者对此的重视，究其原因未果。难道是原创时代不需要草图手绘了吗？手绘真有一天会像恐龙一样绝迹？值得思考，如果是那样设计业的原创将是悲哀了。

手绘一直给原创业者带来荣誉这是不争的事实，提倡手绘是对基础养成的尊重。回顾大师创作过程中留下的草图，给业者研究那个时代创作思想留下了多么宝贵的遗产，人们为那些精美的作品而感动，激发出创作想象，树立设计人生。

业者养成手绘表达是综合修养的重要组成部分，建立手绘表达下的立体空间概念表达，对于业者创作是乐中之娱，看家之本。

探索中思考

"2010 四校四导师环艺专业毕业设计实验教学"活动感言
中央美术学院建筑学院 王铁教授

    "四校四导师"课题又迎来了丰收的季节，忆起全过程，今年收获是非常丰富而有成果的，与 2009 年不同的是又多了一所院校。分别是：中央美术学院建筑学院、清华大学美术学院、天津美术学院设计艺术学院、同济大学建筑与城市规划学院、东北师范大学美术学院，每一所院校都有自己的教学方式和培养目标。在当下信息非常发达的条件下，可以说每一所院校由于多种复杂的原因，都在大谈办学特色，究竟什么是特色？高校评估也在全国转了一圈，在评估专家面前，哪一所院校汇报时不是深挖遗产和拼命强调办学特色的话语权，评估专家都是以人文关怀的方式放行通过，容忍其特色。

    当下办学必须有特色，大学要有大师，要勤奋努力和有开创性思维。在培养人才方面不能只提五花八门的想法和展望，连自己都不知道怎么去做，甚至又无充分科学的理论体系作支撑，又怎么能大胆实践呢？任何一种体系要实现必须脚踏实地地建立基础，那么办学就必须要狠抓教师的综合素质，也就是说先整合教师队伍。由于教师教育背景不同，要想建立一支高素质的教师队伍，首先要建立集体认同感，因为只有认同才能保证教学质量。统一教学基础表达，是安全教与学的可靠保证。否则将出现一个概念和一个专业词汇，每一位老师都有很大的不同认知和表述，学生们听起来真是丈二和尚摸不着头脑。办学创特色最大的受益者就应该是学生。五位责任导师正是抱着要探索出一条用校际之间的合作，完成对毕业班课题指导的事件教学模式。提出不同院校的教授对每一位学生进行辅导时，都有自己的特色见解，学生们会综合梳理，找出自己认为可参考的触点，丰富设计课题。

    把每一所院校的每一位同学都当成是自己的孩子，是本次课题指导教师团队的口号。在对他们进行指导和听取汇报的过程中，有时忘记了他们是孩子，对他们非常严格，对工作量要求也太重。"四校四导师"教学实验课题从在清华大学开题，经过中期答辩，导师团队巡回指导，到终期结题答辩，学生们相互见面 3 次，教师与每一位学生见面 7 次。本次实验教学的亮点就是邀请了深圳设计团队作为导师组成员。从开始到结束历时 4 个月，每次汇报和指导都把时间定在周六和周日，课题组全员导师把节假日都给了学生，我为导师团队而感动、而自豪。感恩回报社会是课题团队导师工作的动力，是热爱教育岗位的信念。

一、探索中的发现

    经过 4 个月的辅导过程，在学生中间出现一种普遍的现象，过去，美术院校的学生最怕的就是课题中的综合分析，可如今美术院校由于招生有调整，学生们都是分析的高手，从图到文都非常有条理，而且能够流利地讲解自己的方案，教学实验过程中每一位同学都是一名合格的良才。可是到了立体图的表达阶段，问题就来了。分析转化到可视形态时，少部分同学真是漏洞百出，有些同学甚至把设计表现基础都忘掉了，手绘草图表现优良的同学非常少。但是他们在电脑操作方面却异常熟练，普遍存在对软件的依赖，手更喜欢键盘而非笔。

    色彩方面和材质表达方面更是让观者无语，一时间美术基础也不知丢到哪里去了，情景空间概念忘到脑后，色彩情调概念更无。构造体上贴材质出现对尺度的不了解，特别是后期处理时，贴人、贴树、尺度和透视都存在问题。

探索中发现普遍存在于中国现在大学生中的共同问题，就是基础不够扎实，表现方式流行化，有时尚跟风特点，个人特色不突出。课题到了后期学生们自己发现问题，一部分学生努力改善这些问题达到了要求。普遍认为美术学院的学生应该与工科院校的学生有不同点，除了掌握建造基础和学理之外，创造美应该摆在重中之重的位置上。实验教学中存在的问题将成为导师组成员在今后的教学中有说服力的活教材，就是探索中不断实践，有所发现。

二、质量是生命

中国质量是一个全世界的话题，中国工程师的数量与美国人的数量大致相同，为什么美国人不怕呢？美国人说你工程师是数量多，但整体素质差，考试有水分。当然，这是一件多层的、复杂的大事，特别是当下社会环境中，正处在发展阶段的中国，肯定存在着问题——讲求数量不讲求质量。大学扩招最不能放弃的就是质量，相信中国教育质量绝对不是画出来的大饼。

实践证明，学生有什么样的基础，就有什么样的未来。基础课研究自改革开放以来变化最小，成绩微妙。现行基础教育都是"文化大革命"之前老一代知识分子的教学理论成果。现今中国需要一个改革开放30多年的为现代学子所需的基础教材，过度依赖外国的经验，靠几次交流是不能治本的。脚踏实地面对中国大环境，了解世界教育发展动向，面对微妙的学苗，量身打造出为现代学子所用的教科书，是解决中国教育质量的核心价值。

生命对人的一生非常重要，只求活着，不讲生命过程中的质量是不科学的，科学发展观中最重要的内核就是发展。现今中国最缺少的就是工程师、高质量的工程师，质量问题让我们吃了苦头。教学就应该是应试规范吗？难道情与感在现行中国教育中不存在吗？思考一下我们的教育问题出在哪里。

日本1945年战败，可到了20世纪60年代末各行业都出现了世界级名人。中国改革开放30年来，时至今日又有几人在国际上、在专业上入了名人榜。眼下是思考中国教育质量的时候了，大学不是只有大楼就成的事，抓教学就应先从师资入手，然后才是学苗培育，质量就是加大培养人才的成才率。良好的教育发展，质量是教育健康的生命源，教与学的高质量是不可逾越的红线。

三、值得实践

实践是检验真理的唯一标准。四校导师团队尝试着多角度多层面的国内院校交流教学模式。拿什么传授给学生，拿什么向教育界汇报，是当前中国高等教育最值得思考的实际问题。

抓好本科教育是时代的责任，四校的教学实践开创了中国大学设计教育的先河。两次的成功经验是今后设计教育的遗产。从本次课题顾问中国科学院彭一刚教授对实践课题的关怀和鼓励中我们更加坚定信心。从各参加院校主管教学院长们的话语中可知，实践得到了充分的肯定。从深圳一线设计师团队积极参与中可以看到它是有生命力的两次打破院校设计教育间隔墙的实践过程。从中华室内设计网的优才计划奖设定我们可以得到答复。我们全体责任导师团队一致认为要继续探索、不断总结，把中国设计教育课题实践办得像中国高速铁道的"和谐号"一样穿行中国大地。

教育只有改革才能跟上时代的步伐，面对发展的中国，信心比黄金更重要。以下是我有感于四校实践教学的体会：

1. 中国教育的发展已把设计教育纳入时代的节律中，设计教育也需要生态化，当然良性运行也需要维护成本。过高就会产生问题，也会给教育带来更加深远的伤害。

2. 看学生作品时我们经常忘记了作者是学生，甚至提的问题也超出了他们能力承受的知识面。针对实际情况努力准确做到教育良性化成长。

3. 对于选择旧工业遗存改造的学生，应该强调改造是为了使用，为了创造新价值，那么功能分区，流线最重要，每一个学生必须将建造技术概念根植于头脑中。

4. 讲述设计理念是表述设计方案最为重要的环节，为此，演讲能力对每一位学生都是非常重要的，练习综合表达是互动的前提，创意也需要程序，任何一个概念的产生都需要强大的知识作为基础，逻辑概念最重要，正确表达更重要。

5. 大多数学生是有较好的综合能力的，但有特色的学生太少，相比之下，一些有欠缺的同学却也有值得赞扬的闪烁点，因材施教是教书育人的重任之道。

6. 设计教育强调培养综合能力较强的人才，建构良性基础是设计教育的研究课题，强调具有综合的审美能力，良好的理论体系是我们的目标。

让教育感动的是学子和他们的成绩，让国家有希望的是教育。我们深知教师的使命感，我希望看到教者更努力，学者更用心，教育质量的明天才会更加美好。

在四校课题作品即将出版发行之际，我对为此次课题作出贡献的单位和个人表示尊重和感谢，感谢课题组全体导师，感谢全体参加课题的同学，祝大家工作顺利，身体健康。

心系北戴河

中央美术学院建筑学院　王铁教授

经过 3 个多月的准备和编辑工作，《北戴河建筑》一书进入最后梳理阶段，面对着这本即将出版的书，我进入了从没有过的深思。回想起上初中的时候，读过千古绝唱的毛泽东诗词"浪淘沙北戴河"，才知晓了北戴河这个地名，直到大学毕业 13 年后被燕山大学美术学院邀请讲学才第一次去秦皇岛，顺便游了一下北戴河。记得那是 1998 年深秋，北方的大海美丽而自然，绿树是成荫的，街道中还有少量年久失修的昔日洋房别墅，走在其中可以感受到流金岁月时期北戴河特有的历史痕迹，与秋色相伴更加显现出北方特有的地域深秋果实般风景，面对眼前的这一幕风景，身为教师、景观设计与建筑设计研究者似乎听到了呼唤，产生朦胧想法、要为北戴河做点什么，这就是北戴河这座城市给我留下的第一印象。

2006 年初秋的一天晚上，老朋友北戴河副区长王占胜打电话给我，相约去趟满洲里，学习一下当地城市建筑改造及夜景照明经验，回到北京后我接受委托为北戴河设计中海滩景观，可以说，就此开始了与北戴河的情缘。先后完成北戴河劳动人民文化宫设计、秦皇岛美术馆方案设计。2008 年夏在区委书记曹子玉、赵景阳区长的带领和支持下与规划局长王希江，哈尔滨工业大学建筑学院吕勤智教授合作设计，圆满完成了北戴河区保二路街道景观及建筑设计，建成后得到了省市领导的表扬，项目先后获得了河北省 2008 年度优秀城乡规划成果二等奖、中国建筑装饰设计一等奖，被业界誉为可以借鉴的模式。截止到目前，我带领工作室助手先后完成了 14 条街道设计，建成后得到了广泛认可，我获得了北戴河荣誉市民证书，成为北戴河政协委员，特别是 2010 年 5 月区政府批准我在艺术产业园区设立艺术馆，到此、可以说我与北戴河分不开了，两年来我更加深刻理解了"打响跨越攻坚战，建设幸福北戴河"的现实和长远含义。

在大量的旧建筑改造设计过程中取得阶段性成果，一切都归功于我的团队，成绩为鼓励我们不断探索增强了自信心。作为大学教授的我深知"教与学"的时代使命，在振兴文化的浪潮中加强探索总结，在旧城区街道建筑与环境设计的改造中积累经验，找出教学科研实践的平台，为中国旧城市改造建设提供有价值的可鉴案例。

如今北戴河基础建设已完成了三年大变样规划，到了上水平阶段，城市形象定位发展已步入了良性阶段。大量的街区改建项目为提升了城市形象，为老百姓带来了最大的实惠。2010 年 10 月北戴河电视台在采访我的时候我提出："保二路的建成是进一步提升北戴河城市形象的基础，奠定了维系北戴河人热爱家园的密码。"

所有到过北戴河的人都认为她变美了，这绝对不是因为北戴河的特殊地域条件，而是北戴河人用心血把城市环境建设美了。成绩面前要求北戴河人要更加坚持开放，建设、发展、维护，做到国内领先、国际一流的旅游名城。

回想起为北戴河建设献计、献策的智者们，他们所说的每一句话我都万分感激！在设计与建设中还存在着一些不足，今后我将努力探索，设计中融入更加科学的理念，建立一个有价值旧城建筑改造技术库，把北戴设计得更美好，让"风景唯有这边独好"的美景意境真的在北戴河开花结果。

感谢中国建筑工业出版社副总编张惠珍对《北戴河建筑》出版发行的大力支持，感谢本书参编者们的奉献，感谢北戴河政府和人民，同时感谢我的团队。

2012 年 3 月 5 日于北京

方恒国际中心 C 座 701 工作室

建筑与景观

中央美术学院建筑学院　王铁教授

建筑艺术设计与景观艺术设计

　　建筑艺术是艺术中的一个门类，现代建筑艺术设计与景观艺术设计是服务于人和社会的，因此它具有很强的实用性。一座城市的形象美，应该是多方面的，但总的说来有两个方面，那就是功能要求和艺术要求。建筑艺术设计、景观艺术设计，究竟是要满足人们什么样的物质需要或精神需求，设计师和艺术家应该把握其原则。否则就可能出现不顾任何使用要求和环境效果而盲目设计的作品，给城市和未来发展制造视觉障碍。

　　建筑艺术设计要合乎美学原则。城市环境与景观要具有艺术性，要尽可能体现其自然美部分，它兼具社会美与艺术美等多重特征，比一般艺术品更具感染力。建筑艺术作品是可以随着人的移动而欣赏并随着人们在空间中的活动与视线的不同而变化的特殊艺术，同时有强烈的时间性和季节性，以及非常重要的历史性。除了自然形式产生直观美感外，中国人更注重感官之外的深层境界，强调意象美、韵味美，讲究含蓄、神秘。这些审美观念都可以被运用到建筑艺术设计与景观艺术设计中。

　　城市在成长，城市与时代同步发展，这一切反映在建筑艺术设计与景观艺术设计及其艺术品本身具有的那种时代性上。科学越是发展，历史就越需要有保留的部分，也就是说历史让活着的人更加珍惜人类遗产。

　　建筑艺术设计与景观艺术设计创作，要注重对文化的继承和延续，所创造出的作品都应该是既有时代的时尚精神，又有流淌过的历史风韵。在一些发达国家，无论城市如何变迁，城市的特色都被极大地维护着。

　　建筑艺术作品要长久存在，具有保留价值，就要具备环境艺术的"恒久性"。为此，建筑艺术设计、景观艺术设计作品应有主题上的长久性，内容上的可持续性，艺术形式上的开放性。为了再创造，在建筑艺术设计、景观艺术设计作品中应预留可持续发展空间。

　　人类是形成城市环境的主体。城市的扩建，环境的美化，艺术创作的中心目的都是为了人。使建筑艺术、景观艺术在城市中得到更大发展，构成更和谐完美的生态体系，这就是设计思想与创作的中心目的。

　　科学技术的进步与发展，为城市人提供了崭新的生活方式，而现代人的教育、文化水平，科学技术能力、艺术需求的增加和欣赏能力的提高，更加要求建筑艺术设计、景观艺术设计及其艺术品有丰富和深刻的思想文化内涵和品位。生活与时代为社会创造了多层次的人，这就要求设计作品要更具综合性。

　　社会在发展，人们所从事的工作将愈专业、愈深入。建筑艺术设计、景观艺术设计作品要求艺术倾向于简洁、抽象、可塑。建筑艺术和景观艺术是生活在城市当中的人们最好的调节器。

建筑艺术设计、景观艺术设计都是公共艺术设计，在设计创作当中，应考虑与公众交流的性质，要求尽最大可能提高作品的可参与性。不被公众认可的作品，也就不具备存在价值。

建筑艺术设计、景观艺术设计师要具备良好的修养。在诸多的知识中，最重要的应该是文学修养、艺术修养，以及敏锐的观察力。作为一个合格的设计师，要有良好的表现能力，要善于走到哪里，就收集到哪里；要具备用手去描绘作品的造型能力；要能够对比例、尺度进行合理的划分；要具有良好的色彩修养、判断能力、综合能力；还要具备独特的个性。

生命渴求延续，这是人类创造美好环境的根本目的。安全、健康、舒适地生活下去，是人类提出可持续发展战略的根本目的，发展现代城市环境更要注重人文环境和自然环境之间的相互关系。

传统中国人的环境观念，强调的是人与自然的和谐共处，多为模仿自然，力求真实，这一切都可在环境景观、建筑艺术设计、艺术品当中体会到。

每一位设计师都提倡人与所生存的环境在诸多积极意义上恰当融合，提倡人工环境与自然环境的有机结合，充分利用地形、地貌、地物、水体和绿化等各种自然生态条件，创造出一个最能满足人类生存要求的环境空间。

建筑艺术设计、景观艺术设计是一个城市环境中的大系统，它们之间的多种构成不是彼此孤立的，要发展它们，就应该把它们在一个主题下有机地组织起来，为的是创造城市环境的整体性、有序性、可持续性。强调建筑艺术、景观艺术的整体性，就是强调环境的综合性。不提倡单体建筑艺术、景观艺术的单纯功能论点。设计师的追求应该是以城市整体环境为主导，注重发展建筑艺术、景观艺术与整体城市的综合效应。

高品位是现代城市环境中的建筑艺术设计、景观艺术设计的关键因素。设计师要设计出功能适用、形式优美，有文脉、有主题，并富有文学内涵的建筑艺术作品、景观艺术作品，重要的是要尊重科学。

景观艺术设计是创造优美城市的环境艺术设计

城市景观的存在离不开与它相互依赖的建筑艺术设计、景观艺术设计、艺术品设计。由于地理位置和自然环境的不同，发展的速度各不相同，每一座城市都有自己特殊的个性、风貌、形象及文脉，这都是构成城市景观、规划设计的决定性因素。

城市的特色主要反映在建筑艺术设计、景观艺术设计、艺术品设计所产生的公共空间中，构成公共空间的主要视觉形象的始祖，人们称其为建筑艺术设计，即绿化、水体、街道、雕塑、媒体广告和广场。认真对待每一个组成部分是创造建筑艺术设计的重要一环。在保护好传统文化的基础上，依据科学，运用建筑艺术设计、景观艺术设计、艺术品设计创造出各类不同的建筑艺术作品。

1. 创造优美的景观街道

街道是一座城市的中枢，是反映一座城市形象和人文景观的视点。一般说来，人们对一座城市的印象往往先来自于城市的街道。做好几条主要街道的综合管理是最能展现城市特色的方法，比如说可以选择对人文景观丰富的主街进行全方位的治理。在设计景观艺术时首先要确保城市交通能畅通无阻。加强艺术化进程，对街路牌、护栏、小品的美化，绿色植物、人行道与路灯的艺术化尤其重要。要明确街道的主体是人，要先人后车，人车分离，确保安全。

在街道的设计上要把人的活动和交往空间放到第一位来重视。街道与建筑中间的"渗透地带"，公共绿地、座椅、公共艺术品及雨篷都是创造优美景观街道不可缺少的因素。

2. 区域性景观广场

近几年来，城市的大规模改造为形成艺术性较强的广场景观提供了最好的发展时机。广场是开放空间，它直接面向市民，最能反映当地的历史、文化、艺术和精神风貌。

现代城市广场空间环境景观构成要素，大概可以分为视觉性与非视觉性。视觉性指绿化、道路、环境小品、构筑设施、水体、建筑和其他一切可视形象。非视觉性指人的行为和空间、情感要素、环境的文化内涵等。

随着西洋风的吹来，在中国形成了一股东西合股力量，融合后的特点是各减一半影响力，形成独具一格的面貌。雕塑广场的出现，水体景观广场的出现，大量使用几何形绿化的广场的出现都可以归纳到中西合璧后的文化产生的合力上。

城市环境景观艺术设计，大致分为两大类

一类是规划的城市环境景观，这种景观环境是比较科学的，是计划发展条理分明的，同时也更能展现出城市空间环境生命。

另一类是自然形成的自由生长的城市空间、环境景观，其结果就是混乱、无章、无法。

东方人的城市环境景观设计，从东方文明基础文化可以体会到其精神内涵。它是比较自然的。

欧洲人的城市环境景观设计，是与欧洲人的文化和文明分不开的。我们可以从个别的具有代表性的城市空间中得到答案。

城市环境景观的发展从根本上说，它离不开城市的计划与建筑艺术设计。无论如何，城市环境景观设计都是离不开有计划性的、科学性的设计。

多元的原创与共存

中央美术学院建筑学院　王铁教授

从对考古发掘中能够获得的文献里，惊奇地发现了史前人类居住的建筑形式，从圆到方。人类建造从圆形居住建筑过渡到方形建筑，从建构技术形式及内部空间布局都说明了那个时代的生活质量和劳动文明程度，为研究人类建构技术演变过程提供了极其珍贵的证据，遗迹留下的是文明进化过程的活化石，这为探索建筑设计多元发展找到了可寻的雏形依据。新石器文化早期房屋建筑有一个共同特点，单体式建筑以不规则的圆形为平面布局，依次排列形成有序而不规则的村落，到了庙底沟文化时期方形房屋已开始在黄河流域广泛盛行。人类在劳动生活实践中发现了如果将方形房屋的方位与宇宙的空间方位相互叠合，就此可推断出居住建筑形式。由圆形建筑平面到方形建筑平面的过渡演化过程，标志着建筑结构技术以及测量技术逐渐成熟，同时也诱发人类的科技时空观念发展，萌芽了早期的科学初级阶段，诱使人类对时空认识，在观念上产生了质的飞跃，这就是建筑设计多元中的原创雏形。原创只有经过来自多元的修正才能不断创造，才能产生新的共存价值。

人类在对应时间和季节变化方面，经过长期的劳动实践，发现在地面上立柱可以观察和测量日影的变化，从而了解到太阳的运行轨迹。在这一认识过程上东西方原理同出一辙。劳动实践过程促成了居住形式的不断演变、不断发展，今天的建筑就是在古人的原创基础上创造成长起来的，从大量的历史资料中显示建筑的形态与建造技术是物质技术的，而表达出的意义则是思想的、精神的，为此建筑设计必须走向以人为本的理念科学轨道。

建筑设计实践始终都伴随着音乐节律、绘画层次在艺术与技术的轨迹上共同发展。今天建筑设计、景观设计、室内建筑空间设计所产生的节奏、韵律都与音乐和绘画是分不开的。如在垂直的建筑构造体上，同样可以产生音乐般的节奏和韵律。在室内空间设计中的每一面墙也都可以反映出节奏与韵律。地域文化建筑的优秀乡土建筑风格是在没有建筑师和建造师的年代里，用传统建造模式自然产生，它的形成过程及原理和许多永恒有价值的遗产同质，是当下设计师值得借鉴的艺术与技术宝库：

1. 传统西方建筑造型艺术、把重点放在装饰形式的创造技术上，在艺术创作层面上追求最大限度地展示视觉效果的愉悦创造感。

2. 中国传统建筑是礼的象征，重点在规制有度，反映在对社会等级层面的限定，展示的是居者身份上的等级约定感。

上述两种思想体系决定了各自的长处，带来多元的思想在实践中的碰撞，产生出观念可以融合不同的文化，更能促进建筑设计在注重民族性与地域性、文化性与技术性的基础上走出一条创造性的发展道路，这就是原创加科学的发展观。

在多元共存的今天，设计已进入了广义的空间设计时期。人们提出室内外空间一体化，为建筑设计、室内设计提供了多角度的立体思考，为探索建筑设计和室内外环境设计打开了一扇明亮的窗子。近一个世纪以来中国的建筑设计文化是落后于西方的。人们不禁要问，现在中国建设出来的城市建筑和环境，特别是在处理人与自然的关系上，为什么缺乏和谐与自然的元素概念？

改革开放以来，在建设开发项目上，我们就未能遵守自然法则去开发利用土地，所建成的建筑都是各种法规下的产品，同时也创造出了很多与自然环境不和谐的建筑和景观。

对比之下，西方的发达国家以实质自然为对象，理解人与自然在艺术表现上是写实的，进而促成自然科学的发展，西方对自然的理解表现在维护自然的呼声上。

当下，对于一些城市来说，存在着追求新城市视觉形象等倾向，其面子工程就是某些负责人向上级表功的理想时机。一座城市的发展历史可以说就是一个拆旧建新的过程历史，可是拆与建并不是无限制的行为艺术。在发展中许多城市大肆拆除了不少有价值的历史见证物，从名人故居到优秀古典精品建筑，甚至历史遗迹都没能逃脱被拆的命运。一段历史的记载、一个时代的见证、一种文化的继承，轻而易举地被断头。也许将来再也拿不出证明历史发展的遗物作为见证去讲授历史，同样也拿不出优秀传统建筑证明中华建造、文化的博大精深。如今在许多新建的古建筑群中缺少的就是历史文化和历史精神，造成的是对历史遗迹的误读。为了美好的明天，是该加强保护力度的时候了，不要让中华建造文化历史成为后人的传说。

对于建筑设计、景观设计、室内空间设计来说，引进外来文化之前必须保持足够的头脑清醒，要做到本民族文化的可持续发展。当今很多问题确实值得深思了，文化的跨越要用平静的心态去应对现实。

对于工程质量来说，发达国家一般5年为一个周期，我们是3年不到却都已是面目全非了。为什么相同的建材、相同的投资，使用年限却不同，问题就出在质量上。由于施工管理及施工人员技术不够职业化，所以，对新来的文化消化理解不够，又不够慎重从事，不能用平静的心态和科学的头脑去理性分析，其结果自然是做不到理性面对多元，更做不到与原创共存。

总有一天设计的地域文化会消逝的。道理很简单，在今天哪个国家和民族谁能说"圆形"、"方形"是自己的专利？再过若干年各国家、各地区的人也不会深究圆、方是本地区本民族发明的遗产，并强烈向联合国教科文组织申请确认。因为圆与方是形态的原始形态，只要是同人类智力相同的群组都能共享其形态系统。只有这个认识基础，设计才能得到发展，只有这个认识、这个基础，原创即可以插上共存科学的翅膀飞翔。实践证明科学是不存在民族性的，科学是平等的，科学是人类追求的完美目标和理想，科学是人类值得为之而奋斗的发展目标。

光型空间艺术伴侣

——古镇灯饰主题沙龙

中央美术学院建筑学院　王铁教授

关键词：自然光，人工光，情景化，系统框架，城市环境，灯饰品

让好产品有好的用处，应该是这次沙龙的目的，沟通和交流是古镇的主题，是全中国的主题，是走向世界的开始。

一、照明起源于生活方式的改变

依赖自然光是人类早期智慧有序劳作的社会条件，从发现火到如何使用火经历了一个相当漫长的历史过程，进程中人类巧妙科学地掌握对火的应用，同时奠定了人类取得天翻地覆的发展历史的基础，并取得巨大的成就。翻开人类社会发展史，早期掌握使用火，其功能很简单：1. 认为火是上帝赐给人间的圣物，用于生活取暖和夜间照明；2. 认为火是保护自身群体不受外来危险侵害的保护神。在人类发展史中始终有火伴随着，火不仅成为加工食品、制作劳动工具和制造战争武器的媒介，还在生产力发展进程中因强大社会消费需求，催促人类加快探索向新能源迈进，寻找比火更加先进能源，以满足生活和产生的需要，人类智慧的选择是人工光源诞生的科学基础。

研究历史发现，人类始终都在研究光环境与能效，并科学地拓展光电使用的空间领域，20世纪初叶人类发明了电灯，从此为迈向科技照明时代奠定了坚实基础。从美丽城市夜景照明到家庭室内空间照明，人们始终离不开所依赖光效能源环境。

发明人工光源照明开启了人类对电能源的依赖并认识到效能的科学作用，照明被科学地运用到城市环境设计与建筑外观照明设计中，电能经济和技术不断更新发展、有序升级，繁荣了全世界各个国家。

当下，核能源、风能源、水能源、煤能源、油能源不断发展进步、有序升级，新效率能源促使新技术成果应用到城市照明与室内空间照明的实际当中。人们认识到提倡节能必须达到减排才能引领可持续发展战略，创造全新概念在节能减排理念指导下满足需求。着手建立提高新能源科学的可利用长效机制，采用新效率能源达到低碳节约，提升人工照明技术科学综合效能，进一步改变人类生活方式，朝着科学有序的低碳节约方向迈进。

在相当长的一段时间里，灯饰设计呈现缓慢发展，灯饰设计是一门艺术与技术相结合的工业设计，是与照明技术共生、发展的特种工艺。早期由于生产能力和技术的限制，加上照明没有最大限度地得到人们的充分重视。改革加速了开放，到了20世纪70年代，世界性经济腾飞带动了灯饰设计和生产市场的全面发展，在人类工业发展和生活中，原创工业设计灯饰品是重中之重，世界各地区、各国家、各民族的灯饰品设计师，对灯饰设计及其产品都有着多重情感，这是奠定灯饰设计作品作坚实基础。因灯饰成为生活不可缺少的重要部分，受到加倍重视。灯饰品为城市设计、景观设计、建筑设计、室内空间设计提供了无限的灵感，为大环境景观建设

提供了科学可行的元素。

二、情景照明是艺术伴侣

高科技为照明光源系统、大景观概念创造了无穷的内核天地，开发多种形式灯饰品已经成为当今专业设计师的课题。运用高科技新产品，新概念表现情景光环境设计形式，塑造多样性城市景观照明，建立城市照明舞台化、情景化，为环境系统照明带来无限发展机遇。目前学界、业界及时提出"情景照明"理念体系正是生逢恰时。光遇到型与形，方能产生情节光影，抒发空间情怀。优秀的城市景观照明作品在设定的景观环境中，插上艺术的翅膀，沐浴漫游在光与影之中、促使场所发生剧情和主题情节变化。情景照明是可持续价值的主题，演绎出具有文学底蕴的光形空间，决定因素是照明技术高科技的不断创新，为此具有文学空间情景的环境照明是艺术伴侣。

情景照明内涵概括为：在完整环境空间内设定具有文学空间情景的环境照明，完成专业化技术程序，是光向构造体释放体验视觉艺术与技术的转换高级阶段。光环境产生情景照明的有序变化是设计，"脚本"是核心。要求照明设计师像画写生、创作一样，对景观环境或建筑形态、实体进行素描式的塑造，必须满足以下原则：

1. 设定三级视觉情景表现场景，即近景、中景、远景视界，利用光源、色温冷暖细分层次调节，达到完整的情景照明艺术高质量，表现出具有深度和广度的内涵；

2. 设定三级空间景深式天际线，即近景天际线、中景天际线、远景天际线，进一步完善区域内分项，设定连动式可控程序技术，建立系统框架，融入艺术元素与内涵。

掌握情景照明设计表达手法，首先要具备专业照明技术基础和相关美学知识，认识、掌握自然光对构造物体的光照属性，理解在自然光照环境下早晨、中午、傍晚各时间段的场景表情和色温变化规律。要掌握绘画基础造型，具有素描和色彩表现能力和理解能力；做到对欣赏雕塑、艺术品配饰、建构常识、建筑设计、室内设计、景观设计的广泛认知，方可做到对型与形下的光空间环境进行正确的表达。

三、城市环境与灯饰品

对一座城市环境照明进行多角度的评价，离不开城市环境，通过城市灯饰品的选择可以推断出其综合实力。优良的城市只有照明还是远远不够的，还要科学地建立城市环境与灯饰品的整体环境照明系统框架，把握重点照明、情景照明、舞台化照明、节点控制式照明的合理化应用管理。近30年来加快提高城市基础设施的综合能力建设，都是为了更好的高质量创造出具有魅力和诱发性的城市生活氛围。

街路环境照明灯饰不仅仅是城市功能需求，也是追求城市精神祥和气氛的渲染，巧妙使用灯饰品有助于表现环境景观形态化表情。伴随着城市环境建设，公共灯饰品开放创新始终与其共同发展。灯饰品艺术化、雕塑化、工业化多途径的创作与产生，极大地丰富了城市的内涵，打造了构成新城市理念，创造出环境美、灯饰品美的美好整体形象。

广义城市环境灯饰品艺术与城市环境景观相结合，形成系统化设计理念，注入相关姊妹设计领域的优良信息，发挥各自领域的优势，建全城市综合体系，完善发展策略。

城市环境建设从来就没有小视过环境建设与灯饰品艺术在城市照明中的重要作用。建筑照明对一座城市来说是不可缺少的、良好的灯饰品形象艺术设计，是树立城市形象独特魅力的展示窗口。对不同时期的建筑采用不同的照明形式进行艺术表现，从尊重建筑文化的历史与现实角度分析，抓住重点有条件地进行艺术夸张。设定情景照明主题环境是城市建筑大景观整体概念当中的重中之重，例如：城市广场照明是大城市景观当中节点式情景表现手法，选择恰当的灯饰品形象，采用感染方式塑造环境氛围，达到有的放矢的环境情节。照明设计首先要巧妙借助基础景观、构筑形态进行分析，在不同的光环境下进行形态影响光色氛围归纳，以及人的综合反映接受程度，得出影响"光型与影形"的客观条件，再融入艺术元素，根据设定情景进行有节奏的分段演示，让进入这一景观环境中的人群受到感染后，情不自禁加入其中，接受城市环境与灯饰品节点式情景互动，达到环境与灯饰品情景形态的有机融合。环境灯饰品设计的表现是无穷尽的，不同的环境气氛需要设定不同的灯饰环境。例如，利用灯品上装饰图形发送出的光斑图形效果表现空间设计光形意境，是目前设计师常用的表现手法。为此照明与材质的有机结合，是创造艺术气氛的最佳搭档。

借助景观与灯饰品烘托环境，产生新的光环境，近些年涌现出的好作品层出不穷。可以说环境与灯饰在某种角度上来说，是构成延展空间环境的表现手法之一，技术、材质、造型是表现这一领域设计思想的基础。

近年来内外空间一体化设计概念被广泛应用在景观设计表现中，很多设计师在处理内与外节点设计时，大胆运用科学而合理表现手段，成功地表现了诸多设计作品，使内外空间一体化设计理念成为设计师探讨广义空间表现的最大理论与实践成果。

探索照明设计、创造艺术气氛，是未来光形与型空间发展的方向，需要设计师与生产商相互配合、研发机构协同作战，方可实现广阔前景。企业可以借助设计机构、大专院校、个人工作室，建立为城市环境与灯饰品设计的平台，达到宣传自身品牌的目的。创新推动设计发展，目的是要让更多人群感受光型空间艺术伴侣的价值。

无限疆域

中央美术学院建筑学院　王铁教授

一、与学生息息相关的教学探索

近几年来对于美术院校环境艺术专业毕业设计教学来说，各种实验教学始终伴随着全国艺术院校不断进行探索，特别是教育部高等院校专业教学评估以后，通过评估的"合格院校"是常态办学的和谐安定条件，当然没有"不合格院校"。期间，每一所大学都都在强调自己的办学优势，强调自身的科学发展观和特色。但是，无论在专业网络上还是在专业书籍里，人们看到的都是如何兴办高等教育者的理想雄心和誓言，其特色与现实距离难以成立。人们承认有智者在不断探索，智者却忽视了真实可行性。到目前为止探索设计教育的成果大都是单方面的个体经验，产生成果都是"点状"的结论，其特点不足以称其为案例，更有失可实现、可借鉴性价值。

四校四导师实验教学课题生逢其时，经过 3 年的教学实践，得到了全国业界同人的关注，取得了阶段性成果。以中央美术学院建筑学院、清华大学美术学院、天津美术学院为基础，每年先后与不同院校进行合作，先后已完成课题合作的学校是：北方工业大学、同济大学、东北师范大学、哈尔滨工业大学建筑学院，受到参加院校教师和学生的好评，更受到实践导师及用人单位表扬，因为它是带有"面状"的实验教学成果，是与学生息息相关的实验教学探索，成绩是在指导教师团队共同辛勤努力下取得的。宏观的说，实验教学积累的这些可供业者借鉴之处，在科学发展观中，也只能称科学的点状。

去年第二届主题是"打破壁垒"，今年是第三届四校四导师实验教学，不同之处是除了本科生之外，还有研究生加盟。课题组继续联合深圳室内设计师协会，再次设定"中华室内设计优才计划奖"，同时调整组织深圳一线知名设计师实践指导团队。课题组为"无限疆域"实验教学建立强大的导师阵容，目的在于认真、踏实探索为中国设计教育、为学生服务，为企业和用人单位服务，为国家教育服务。

2011 年 3 月课题组决定本年度联合选题范围，以人居住环境、生活工作环境、自然生态环境为主题，建立融入大环境概念下的低碳意识，共分为两个板块。

本科生选题：

1. 天津美术学院新校区景观设计
2. 新视界——天津意仓艺术公舍环境艺术设计
3. 天津滨海新区东疆盐碱植物科研中心建筑景观设计
4. 天津五大道——睦南道历史建筑景观设计
5. 天津五大道市民文化中心及周边景观设计
6. 天津五大道历史博物馆室内设计
7. 哈尔滨市老道外"中华巴洛克"街道景观保护与更新设计
8. 哈尔滨松花江上游群力城市湿地公园景观设计

9. 中国华电集团塘寨电厂文化活动中心室内外环境设计
10. 中国华电集团塘寨电厂生产指挥中心室内外环境设计
11. 哈尔滨工程大学校园景观环境艺术设计
12. 黑龙江木兰沿江滨水景观设计
13. 福建永定客家文化 4D 影院建筑及室内设计

研究生选题：

1. 关于旧工业建筑改造的设计手法的思考——析原天津第一纺织机械厂创意产业园的建筑景观设计
2. 传统与现代的契合——以天津市"五大道"历史风貌建筑保护性开发为例
3. 哈尔滨市道外历史文化街区巴洛克建筑群落
4. 多元碰撞与融合——浅析哈尔滨道外区近代建筑装饰
5. 天津五大道睦南道历史街区建筑

学生可根据自己的实际情况进行选择。鼓励不同院校学师生共享一个选题，研究生可选择本科生的设计题为论文题目，实地调研也可一同进行，成为本次四校四导师实验教学的亮点。特别是研究生的加入，扩大实用性，为实验教学通往社会实践架起了立交桥。课题组始终是伴随着教与学的人性化可行原则，相互帮助、相互关心是全体学生、社会实践导师、四校四导师课题的保证和追求的目标。

教育也需低碳化。教育节能在过去就已有之，只是由于条件有限效果不佳。科学有序发展中的设计教育，也需生态化概念。时下国人对设计教育已经有了成熟的包容和理解，今天美术学院设计教育存在的核心价值，首先是为人所需要。为培养合格学生需要，不管教学取得什么样成绩，用什么样的形式，目的只有一个，那就是培养出好人才。事实证明教育从古人最简单的私塾式教育开始，到多学科的综合基础教育实施，以及现在非常复杂的带有科技手段的可靠实验，这些使设计教育理想的大跨度的多曲面在中国成为可能，创新出全方位启发式实验教育已成为工作重点。业界认为无论设计教育怎么变，其内核实质是无法改变的，那就是为人所用、为国家所用。以人为本是最大价值的、最重要的本质，实验教学只有这样才可称之为与学生息息相关的教学探索。

二、美术学院背景学生应该是一个什么样的人才

我大学毕业于中央工艺美术学院（现清华大学美术学院）室内设计系，留校教了 4 年专业设计课，去日本留学 8 年多，归国后调任中央美术学院建筑学院任教景观设计专业。自然我的同学和朋友大多数都是美术院校的教师和设计师，教书之余大家也做一些社会实践，为的是丰富教与学的学理化构建体系。有问，美术学院背景教育，到底应该培养什么样的人才？在多年交往和活动中，这方面有一点个人亲身体会。如清华大学美术学院注重逻辑思考下的设计，培

养出来的学生较为理性。中央美术学院建筑学注重学特色教学，因为有建筑、景观、室内设计一体化共同基础课的立体思考，在专业设计教学上更强调创意设计。总之八大美术学院都有不同的绝活，但是，没有太大的不同，特别是教育部高等院校评估以后，谁也是说不清楚谁有多大明显特色。根源是，时下中国高考招生的设计教育学苗来源完全相同，考前学习教育基本相同，全国各个院校有意把专业考试时间岔开，每年的 5 月在中国大地上出现了艺术院校考试"四渡赤水"式的流动考试风景线，艺术考生非常辛苦。自主招生实现不了不如专业课考试全国统一，待中国艺术类院校真正实现特色自主教育后再区分。现在中国到底有多少所大学开设计专业，只怕教育部也说不清了。

中国到底需要多少设计人才应该研究一下，是时候了。四校四导师就是在这大背景下诞辰的，特色就是打破院校间的隔墙，以四位教授为基础，联合行业协会，一线知名设计师组成指导团队，建立共享平台，共同探索设计教育，解除瓶颈寻找突破口。四校四导师实验教学在 3 个月的周六和周日，分段设置课程内容。在课题组指导教师与学生共同努力下顺利完成了新闻发布、开题汇报、中期汇报，到终期答辩全过程。全体课题组成员以认真的态度完成了近 20 万字和 200 页图片，共计 450 页的珍贵资料。

古人云："千里马常有，伯乐不常有"，如果全国高考是发现"千里马"的模式，那么有什么模式能够发现"伯乐"呢？现时，设想一下千里马与伯乐哪一方质量更高？教育应当正视这种现象的存在。院校教育不可能像 4S 店一样，因为它没有"召回"。这就更加要求"伯乐"必须具有综合的技术与艺术的审美高度和能力。作为"千里马"也要具有良好的基础知识、创造力和阳光心理。"伯乐"能否学会启发学生大胆创意，放飞想象力，是"伯乐"质量的检验标准。面对与人有关系的最直接的建筑、景观、室内设计开展学习，如何建立综合思考下的理解能力、如何把技术融入艺术、如何融入理论与技术是最大化的值得研究的课题。

启发"千里马"必须认识到，建筑设计需要景观与环境相衬托，景观设计需要建筑形态，室内设计需要建筑空间，更需要外部环境，需要综合艺术，同时离不开强大的理论基础。"千里马"必须要兼顾多种专业修养，建立高素质无界限下发散型创造能力，即空间设计修养素质下的无界限学理化观念。在提倡教育生态低碳化的当下，"伯乐"的师傅提出"内外空间条件与自然条件一体化设计教育理念"，为设计科学化、专业化，为走向融合发展的低碳化教育时代解除素质界限，奠定探索基础。"千里马"在工作中要始终理解这个科学的概念，只有建立一个良好的科学框架，才能够承载着优秀教育给人类带来的影响。

当下中国的设计教育、中国的设计界、中国的学子应该如何去看待国际流行性文化和自己本土的文化之间的科学关系，这是一个非常根本重要的原则。中国设计教育要继续发展，就要求更加踏踏实实地认识发展中的自己，牢牢掌握最基础的专业知识，带着本民族优秀文化特征和消化了以后的精神知识境界，走向国际交流的大舞台与发达国家去对话，有了这种国际的视野才能够达到创新发展中国设计教育。

在美术院校教育背景下的学生，就应该掌握基础的建筑、景观、室内设计，要具有综合各个专业之间的协调能力，要学会梳理。要在这个背景环境当中成长为优秀人才，必须要具有探索创新意识。学习是需要分段完善计划的，由于掌握知识量的大小，促使某一阶段做不到理想的完美，问题在于设计者对人生大胆的想象始终不能停止。要更好地利用美术院校所具有的平台特点，做好三个专业方向的专业搜索式学习方法，把三个专业的学理知识比例调整好，有主、有辅，理智设定是走向美好设计人生的良好的综合基础，用阳光心理迎接未来的设计，做时代所需要的立体人才，建立艺术与技术的学理体系是美术学院背景学生的设计人生。

三、无限疆域

四校四导师实验教学成果显示出，设计无界限是广义的、无障碍的无限疆域。在多年教学实践与社会实践中经常出现有无限疆域问题，并困扰设计教育与实践。这就是，建筑设计工作做到什么地方是终点，景观设计工作范围应该到哪儿，室内设计工作到何处是禁区？为此下了很多工夫。今天，这已不再是重要的话题，重要的是相互之间的兼顾协调性。当下发展中的设计理论具有强大而科学的基础支撑平台，集中表现在广义设计理念指导下的设计教育、设计实践，形成多角度下的宽视野。

中国特色的设计教育和设计产业链，成就和丰富了广义空间设计的无界限新疆域观念，即"多元化，超域诞生"，中国设计教育正在建立设计无界限的可操作新疆域系统。

设计教育和社会实践在构想阶段就要综合思考相关专业之间的交叉关系，这原本是从业者必须具备的专业素质，可当下有部分业者，只是近距离地深爱小环境领地，其作品处于一个什么样的大环境好像与己无关。设计作品融入环境是古人早已实践的观念，"天人合一"的理论创造指导国人在"人与自然"关系领域不断探索，并取得了辉煌成绩。

在中国古代造园艺术遗产的宝库之中可见精彩之处，就是成果。在建设发展史的每个时期都承载了造园与建筑、室内与陈设等多维应用法则的实施。实践证实伟大的中华建造文化历史，创始了华夏艺匠。

发展中的设计学已成为学理化重要主线，即设计无界限培养模式的新疆域时代要求。如以建筑设计专业为主线的教学模式，可设定发展两翼，景观设计、室内设计知识知识为辅，平衡发展。目的就是协调主体均衡性，发展科学有序的设计教育业。

四校四导师实验教学成再次果显示出可行性设计教育离不开合理化模型构造体，离不开广义环境概念，脱离不开构造体秀美的外形、建造技术以及环境艺术品配饰设计，更忽视不了对相关专业及法规协调，这就是设计者的无界限，新疆域的命运。

2011 年 6 月于北京方恒国际中心

多角度学做设计

2010 年 10 月 20 日建筑学院建筑之声期刊采访

中央美术学院建筑学院　王铁教授

与人息息相关的建筑

对于建筑无论是从书本里有记载的建筑史开始，还是从今人们居住的环境，生活工作的环境，自然生态环境之中，大环境的低碳理念始终是伴随人类发展，是人们追求的目标。节能在过去就已有之，只是由于技术有限效果不佳。科学发展生态概念使今天的人们对建筑设计已经有了非常成熟的包容和理解。建筑存在的核心价值首先是为人所需要，不管建成什么样的形式。从古人最简单的建构开始到今天数字建筑实施，以及现在非常复杂的带有科技手段的能够实现设计师理想的大跨度、多曲面的建筑都可以成为现实。无论建筑怎么变，其内核实质是无法改变的，那就是为人所用，所以说以人为本是最重要的本质。

军人－设计院工作－大学教师－留学－大学教师

在建筑学院我是纯美术院校出身的，多年的教学实践及社会实践让我感受到学习设计的一段体会。在我学习设计过程中，有时候也回忆一下过去，还是很有意思的。记得，我从小的时候就开始学习绘画，那个年代在北方的城市没什么玩的，居住条件都是在大院子里，大家一起在大院子里玩。我记得有一天，当时也不知道在哪儿就找些破木头，在靠墙的地方搭起棚子，自己非常愿意和几个孩子在棚子里待着玩。大人来了就要把棚子敲倒，嗖嗖地那几个孩子都跑了出去，但是我始终就是在里面坐着不动，大人敲了好几下也没砸倒，这个印象挺深的，一直留在记忆里。到上了中学开始逐渐正规地学绘画了，从几何形体石膏像开始，一点点到切面像再到最后的到人像素描、静物和写生，一点点这么走过去。高中毕业的时候赶上最后一届上山下乡尾巴，我高中同班同学共有 56 人，只有两个人当了军人，我是其中一个。那个时候当军人是最让人羡慕的大事，当军人到了部队，我是文书，做做表格，出出黑板报。一晃就到了 1977 年了，可以考大学了我就退伍了。回到哈尔滨后分配到黑龙江省建筑设计院第三建筑组，一边工作做描图员，一边准备考大学。那时候设计是手绘描图，完全是一个技术活儿，这种技术是手工艺的技术。按照那个年代的工作方式我把其称呼为"冷绘图时代"。冷绘图手艺，是一个少数人才能够掌握的技能。因为表现它需要具有从二维空间到三维空间的转换过程，需要有很好的转换立体思考能力。描了 4 年图纸，收获很大。到了我工作第 4 年的时候，我考上了现在的清华大学美术学院，当时叫中央工艺美术学院。入学的时候，我提前了 11 天来到北京。一下火车直接进奔天安门广场，看建筑，感受环境。坐在天安门广场上发呆，想未来，想自己将来怎么样在祖国的心脏里待下去。人对于成长而设定的理想，在每个阶段成功与否的是检验人生计划的合理性重要成果，那个时候的理想对于一个大学生就是一定要留在北京有个户口、有份工作，就这样，一直到毕业设计创作。我的毕业设计就是现在清华大学美术学院成人教育学院大楼，那个主楼是我的本科毕业设计作品。

从高中毕业后参军到设计院工作，上大学的时候已经有 6 年工作经验了。大学毕业留中央工艺美术学院，现清华大学美术学院教书 4 年后，留学日本名古屋工业大学建筑学和爱知艺术大学研究生院，取得学位后，工作在日本名古屋一家建筑设计事务所 6 年多，回国到中央美术学院建筑学院教书已是 11 个年头了，我经历了军人、建筑设计院工作、大学教师、留学、再到大学教师的工作过程。

人生的选择和规划

大学毕业设计做完了，我留在了中央工艺美术学院，现清华大学美术学院环艺系任教。校教了 4 年书以后发现自己的人生计划出现了问题，遇到瓶颈，下一步如何发展成了新问题。为学历必须攻读研究生，一个想法让我开窍了，决定去国外留学，于是我在 30 岁的时候跨出国门留学日本。就这样，辞了中央工艺美术学院教职，来到了日本。现在设想起来如果不走出这一步，就没有今天。在日本名古屋工业大学建筑学专业松本直司研究室学习建筑设计改变我的人生。一年后仍旧考了爱知县立艺术大学研究生院。学的是空间设计（Space Design）。建筑、景观、室内设计都是包括在内的，到今天我也是一直保持着这样走我的设计之路。在日本研究生院学习时期，我每周到建筑事务所工作两天，一边工作一边上学。等到留学的第三个年头，毕业了拿到了硕士学位，工作也就留在了同一家设计公司作为设计主管。在日本公司我工作了 5 年多，学习 3 年，前后加起来将近 9 年时间。日本的四大报纸之一《朝日新闻》介绍过我，在日本公司的工作中我做了很多建筑设计方案，前后大大小小在日本做了 50 多个方案，建成的有 20 多项。当时《朝日新闻》报纸还挺轰动的。

到此在日本我完成了一个留学生的正常生活轨迹。38 岁的时候开始想下一步计划怎样完成。在多方面思考后我决定选择回国继续到大学工作。当时年龄是 39 岁了，在日本我达到了一个留学生的正常理想生活模式。

我认为，人到 40 岁之前就应该定在哪生活，1998 年年初我利用休假回国看一下几所大学工作环境，跟我的一些老师、老先生聊聊，最后想了想确定回国。人生分为几个阶段，每个阶段总得决定去处，对于我当时已到了最重要的决定时刻了，后半生要在哪生活，选择什么工作。想来想去，综合分析，比对，最后选择了中央美术学院建筑学院，现在成为了教授，一晃 11 年过去了，也许这就是我的人生的选择和规划。

建筑、景观、室内，设计教育无界限

从我自己来说，一个高中生到最后留学校当大学老师，成为中央美术学院教授，学术委员，我非常清楚教与学的关系，我认为学习可以改变人生。虽然我一直在美术院学习和工作，但一直都在接触建筑设计、景观设计、室内设计，我对建筑设计的概念是非常清楚的。从大学毕业之后，对于建筑、景观、室内设计一直在作社会实践，直到今天，我还是这种概念，"设计教育无界限"要的是综合修养。作为设计来讲，它们三个是不可能分离的，强行分开就是犯了片面的认识"大"设计理念。在教学和社会实践了这么多年里，我自己更觉得，建筑、景观、室内是一体化的，相互关联的整体。今天的设计教育对建筑、景观、室内设计的认识决定了如何培养设计者人生目标和理念，这是一个长期实践现过程。技术在今天已不是问题，有没有良好的建构意识和对美好形态塑造的综合能力，对于未来方向和发展是非常重要的。因为在法规面前功能已不存在问题，这就要求设计教育在美术学院背景下不断探索、不断提升、不断完善建筑、景观、室内设计应该具有的高度和审美能力，设计教育是无界限的。

美院背景下建筑系的学生们应该成长为一个什么样的人才

作为中央美院建筑学院的学生，特色就是有因为有建筑、景观、室内设计一体化的立体思考，作为教者要求有高度，作为学设计者要求具有创造力和阳光心理，大胆放飞想象力。面对与人有关系的最直接的建筑、景观、室内设计，如何建立综合思考和理解能力，如何融入艺术、如何融入技术是最大的课题。

建筑师必须认识到，建筑设计需要景观与环境相衬托，景观设计需要建筑形态，室内设计需要建筑空间，更需要外部环境，需要综合艺术。设计师必须要兼顾多种专业修养，建立高素质无界限下发散型创造能力，即空间设计修养素质的无界限新学理观念。在提倡生态低碳设计的当下，业界智者提出"内外空间条件与自然条件一体化设计理念"，为设计科学化、专业化，为走向融合发展的低碳化时代解除素质界限奠定了探索基础。设计者工作中要始终理解这个科学的概念，一个良好的框架才能够承载优秀设计给人类带来的影响。当下中国的设计教育，中国的设计界、中国的学子应该怎么去看待国际性文化和自己本土的文化，这是一个非常重要的原则。继续发展要求更加踏踏实实地认识发展中的自己，牢牢掌握最基础的专业知识，带着本民族文化特征和消化了以后的精神境界，走向国际交流的大舞台与发达国家去对话，有了这种国际的视野才能够达到创新发展。

在中央美术学院教育背景下的学生，就应该掌握建筑、景观、室内设计，要具有综合各个专业之间的协调能力，要学会梳理。要成为在这个环境当中应该成长出来的人才，必须要有创新意识。学习是需要分段完善计划的，由于掌握知识量的大小使某一阶段做不到理想的完美，但是大胆的想象始终不能停止。要更好地利用中央美术学院所具有的平台特点，做好三个专业方向的专业学习，把三个专业的学理知识比例调整好，更好地为自己走向美好的设计人生奠定良好的综合基础，迎接未来的设计，做时代所需要的立体人才。

最后一句话，在大自然环境中建筑象征着过滤器，学习掌握创新设计很重要。

设计师看家之本
Designer's Specialty

手绘有没有终结之日？

手绘一直给业者带来无限荣誉，这是不需争辩的事实。提倡手绘是对基础养成的尊重，浏览大师创作过程中珍贵的草图，发现前辈留下了多么宝贵的遗产，回顾和研究那个时代，为那些精美的作品感动，激发想象，树立设计人生。

手绘对于设计师来说是生命，是看家之本。原创构思离不开草图表达，建立以实体空间概念为依据的手绘体系是设计创作的源点。如今，虽然是解放重复性劳动的科技时代，电脑在劳动强度上代替了重复性工作的人脑，可是规范下操作的快捷键，一旦停电便不知所措，手写汉字丢三少四，依赖的电脑一时无电就让智者孤寂无奈。

每年全国有各种形式的手绘大赛，可还是唤不起年轻业者的重视。究其原因未果，难道是时代不需要原创草图手绘了吗？手绘真的像恐龙一样绝迹了？值得思考，如果是那样，设计业原创将走向悲哀。

业者养成手绘表达是综合修养的重要组成部分，建立手绘表达下的立体空间生成概念，是二维生成三维的创作过程，是多维框架的联动，是业者乐中之娱，可称其为看家之本。

图书城

艺术展览中心

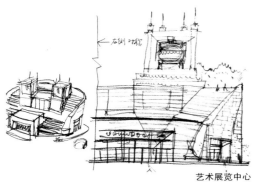

工艺品市场

市民培训中心

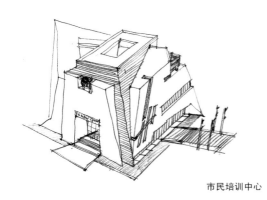

超市

儿童体验中心

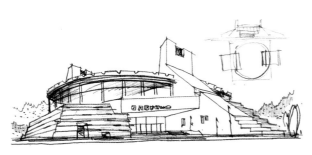

英国街头速写

英国街头速写

大英博物馆内速写

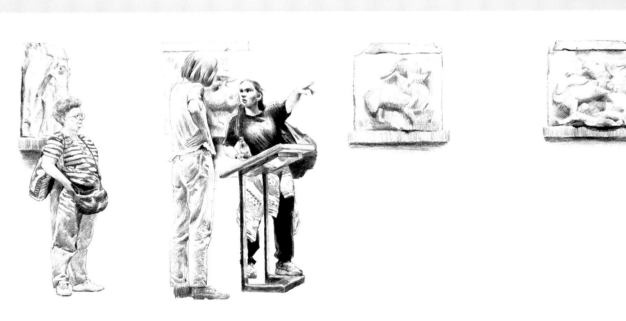

大英博物馆内速写

日本京都速写

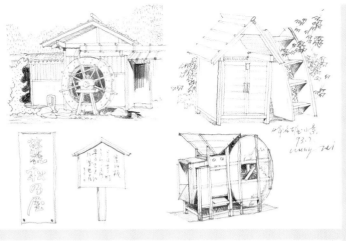

日本京都速写

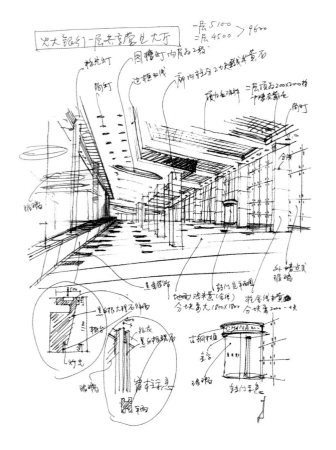

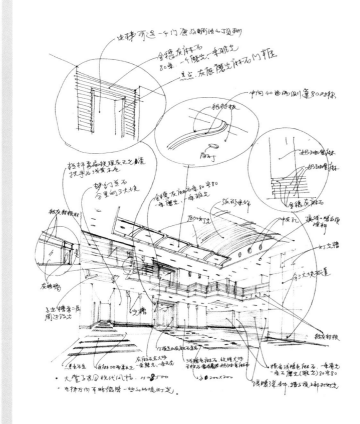

设计方案草图

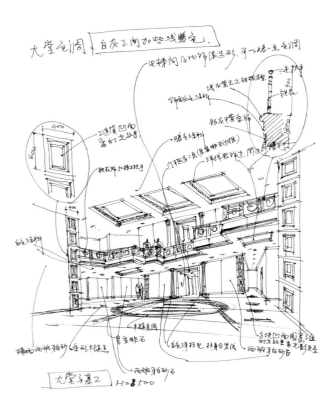

风景速写

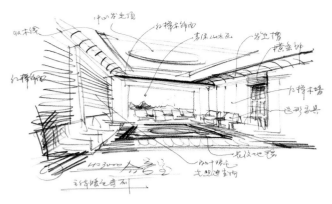

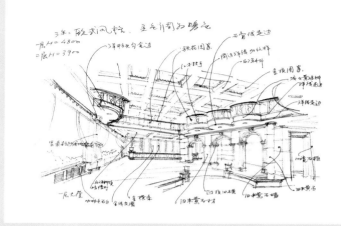

设计方案草图

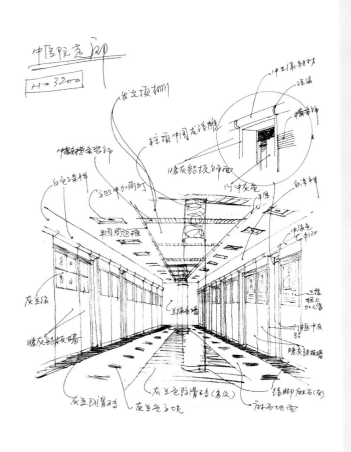

设计方案草图

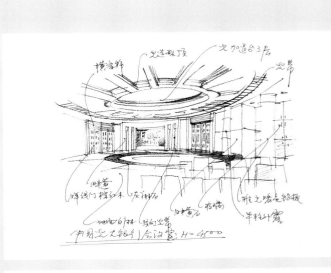

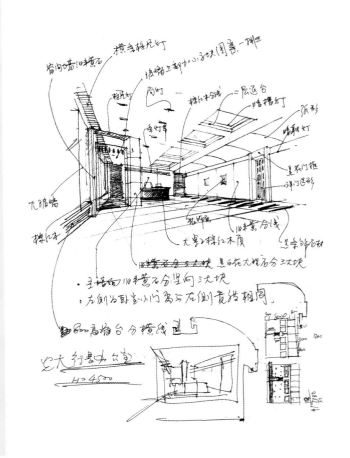

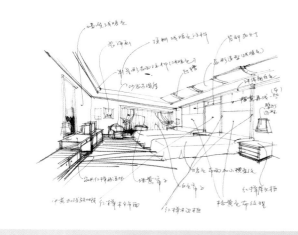

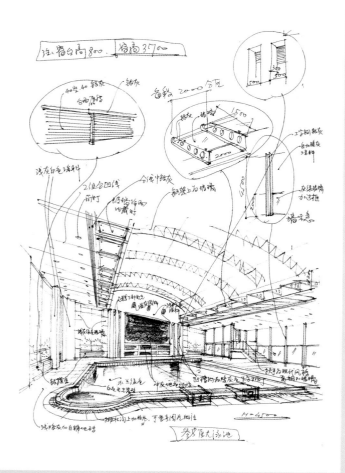

高级套房会客厅 注：灯色调为暖色
H=3000

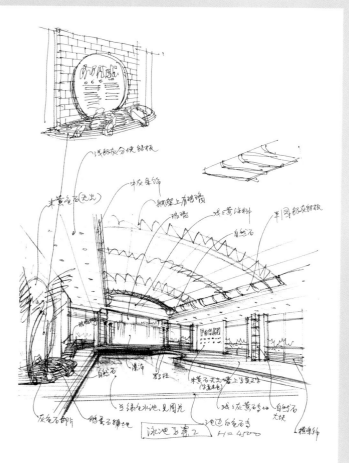

设计方案草图

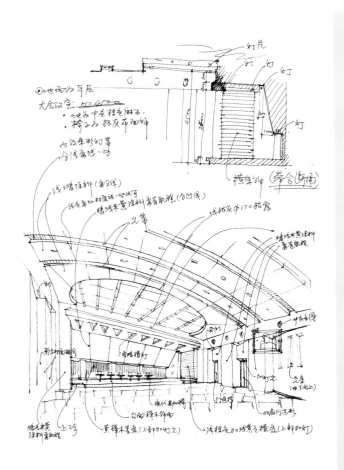

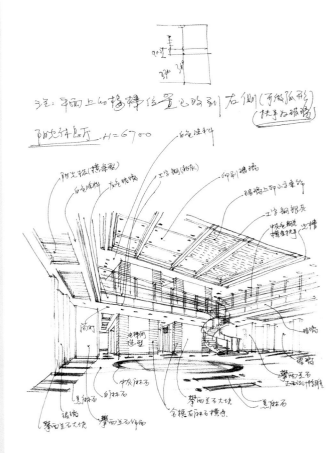

设计方案草图

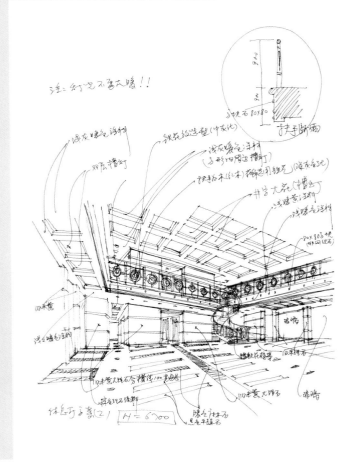

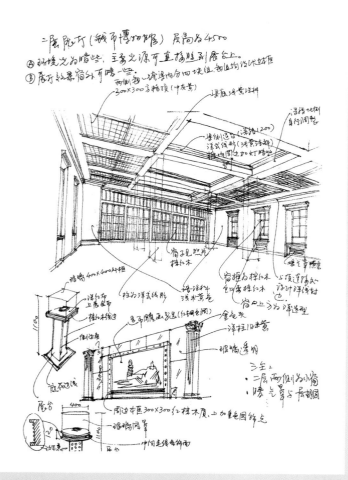

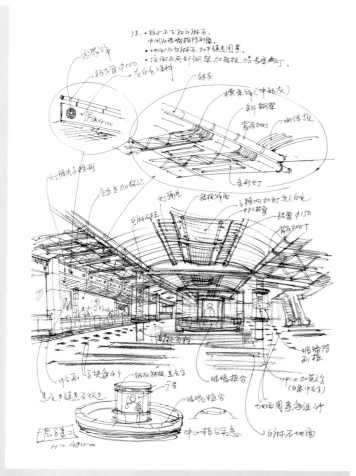

设计方案草图

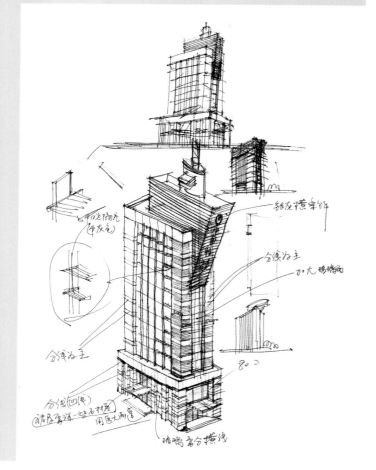

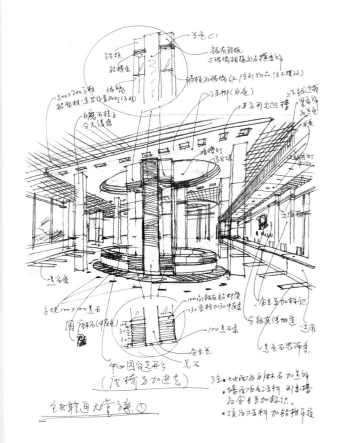

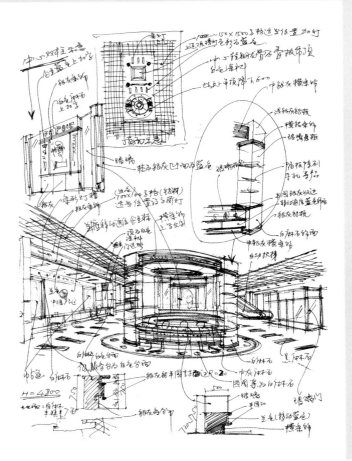

设计方案草图

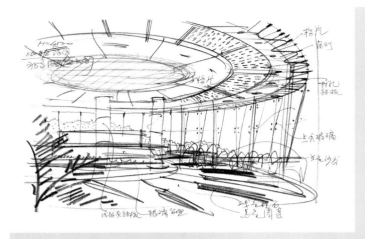

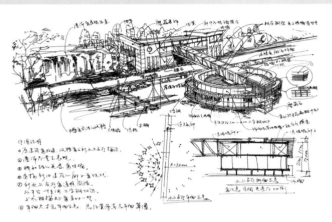

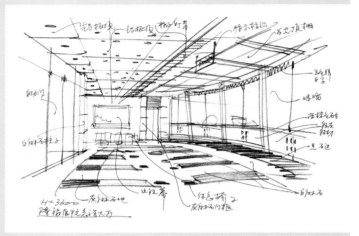

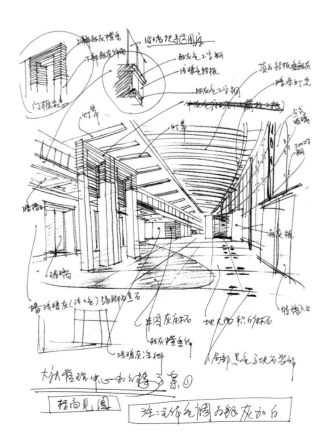

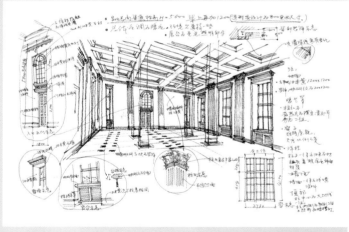

设计方案草图

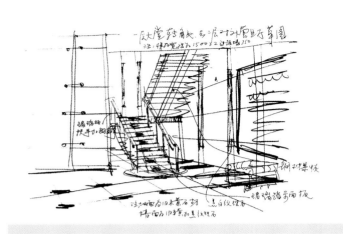

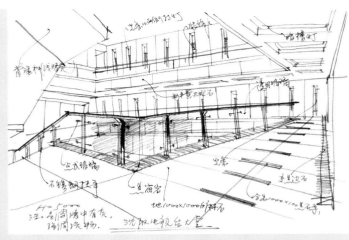

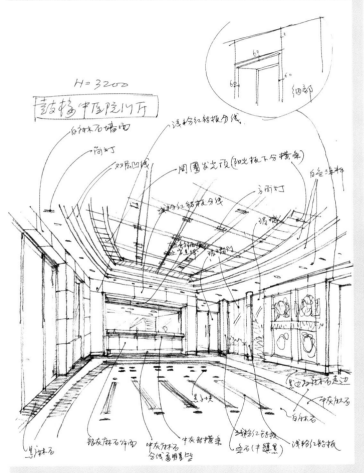

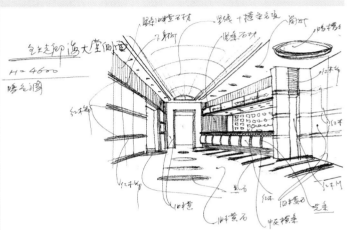

设计方案草图

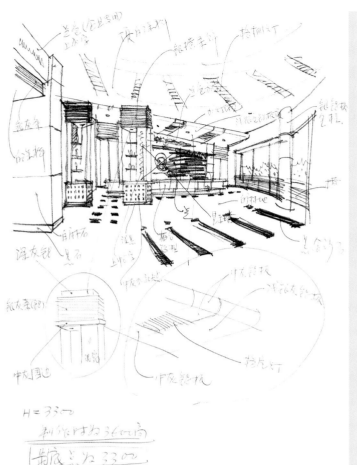

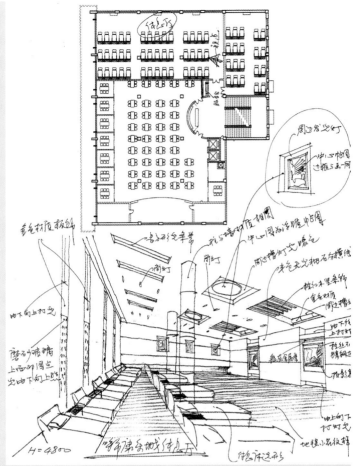

设计方案草图

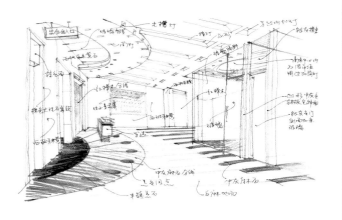

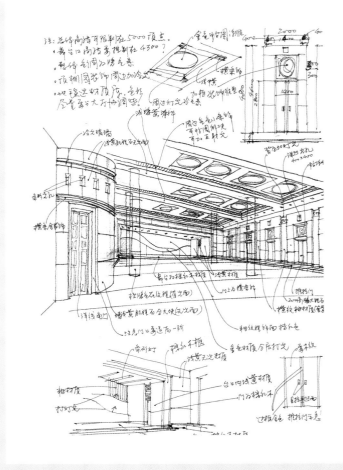

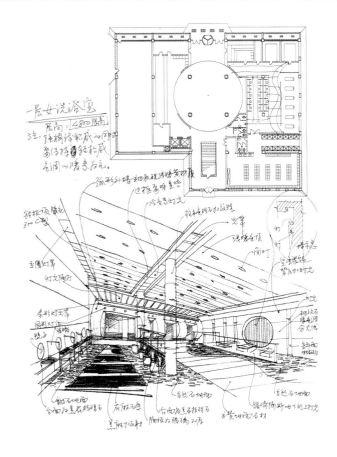

一层女洗浴室

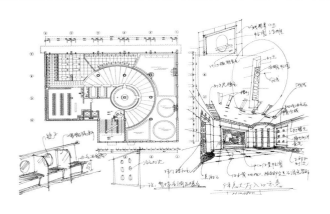

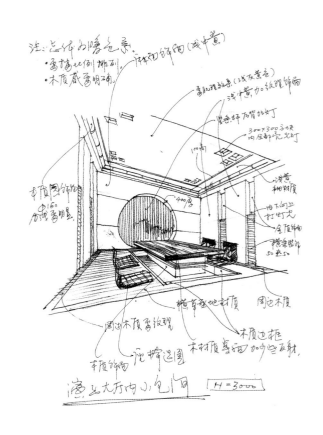

$H=3000$

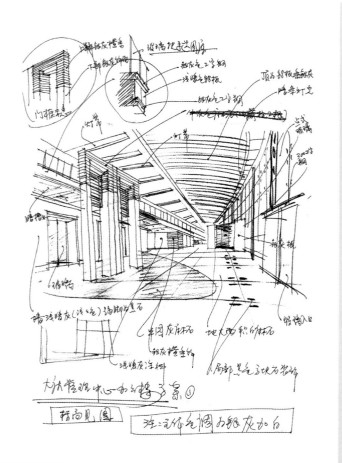

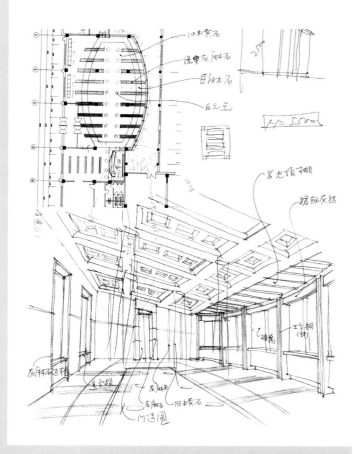

设计方案草图

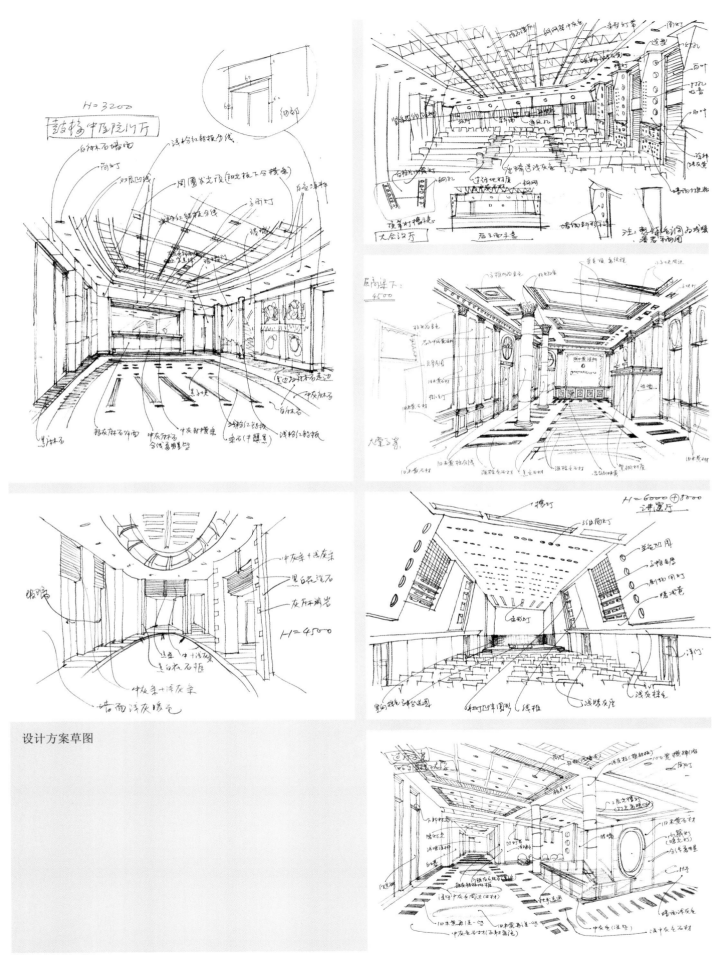

设计方案草图

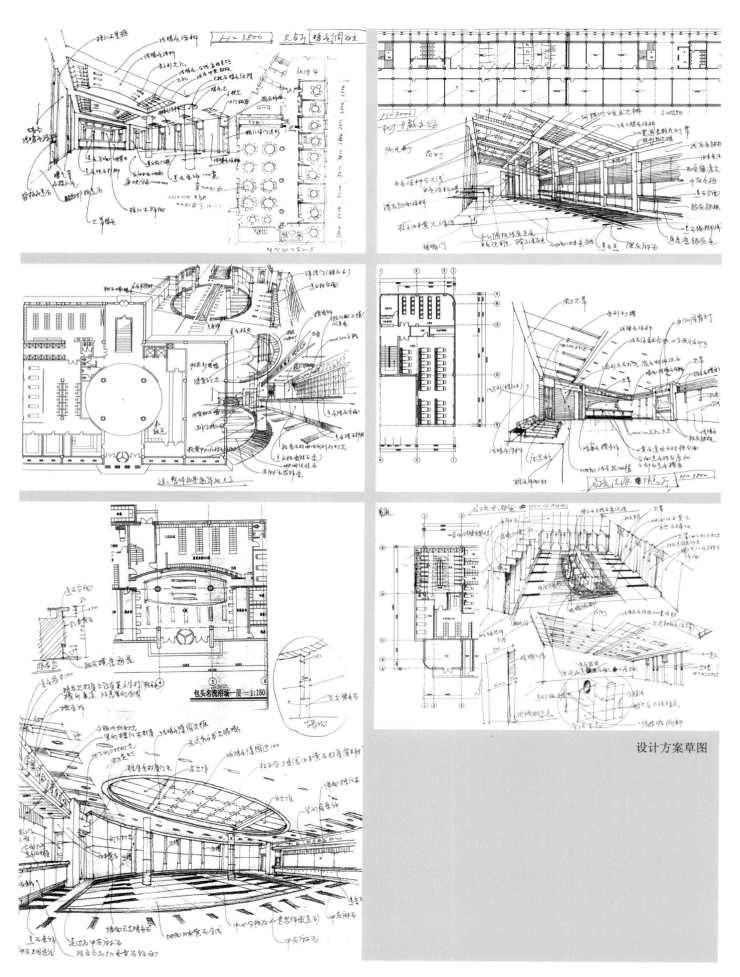

包头名流浴场一层 1:150

设计方案草图

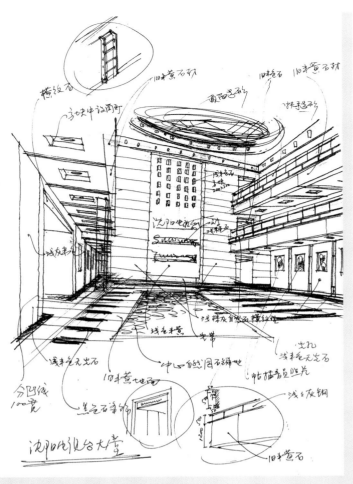

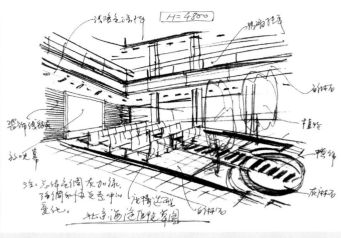

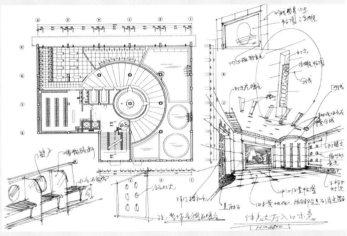

设计方案草图

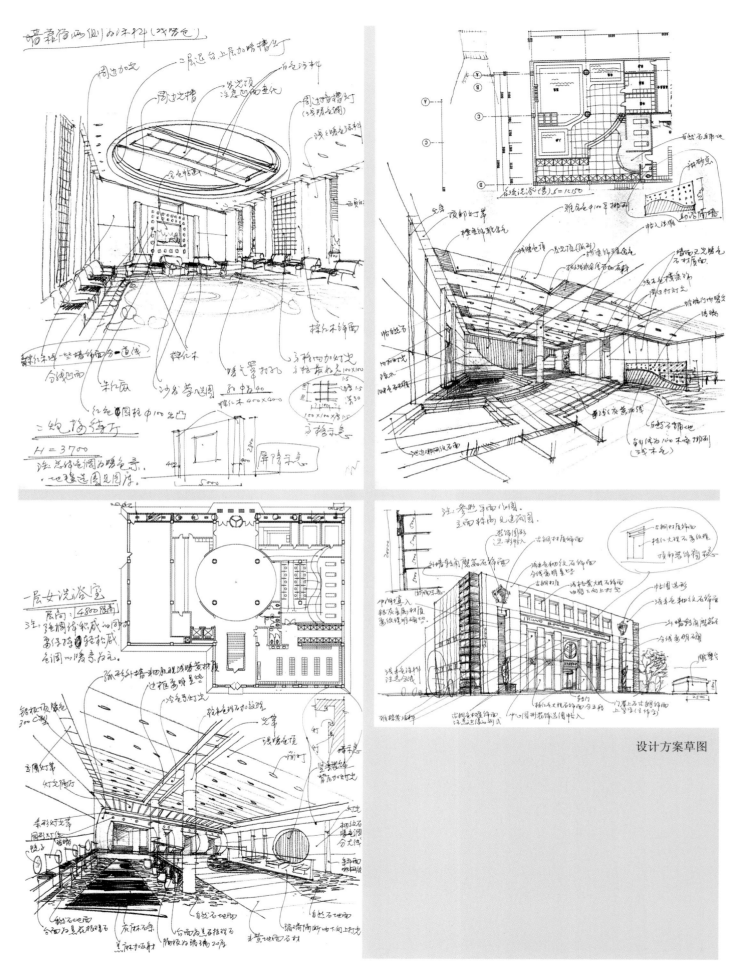

设计方案草图

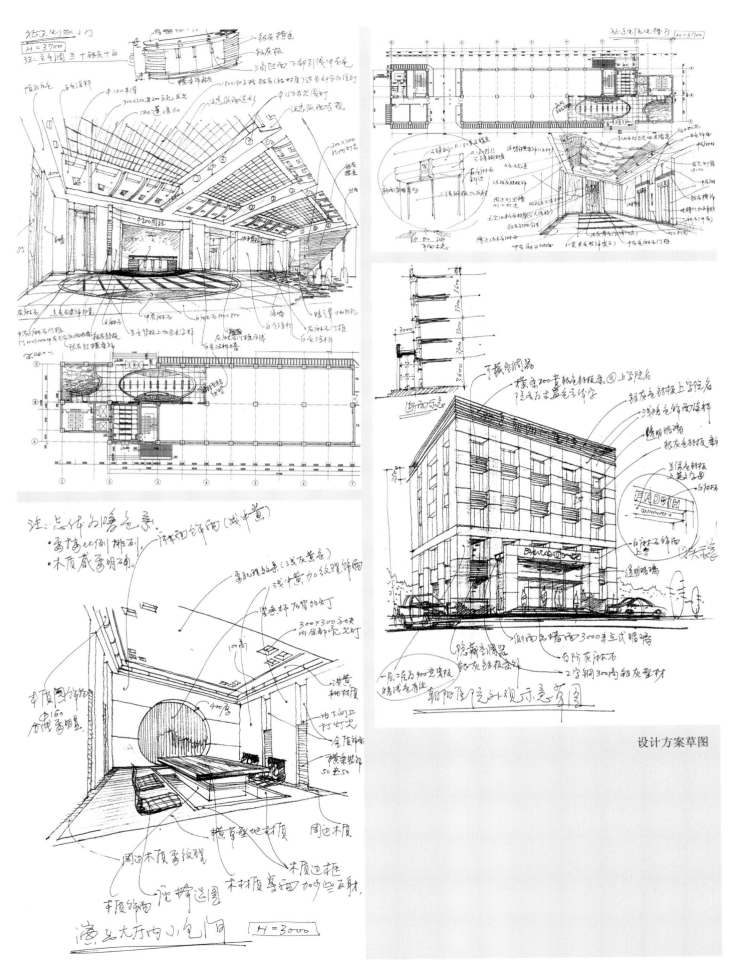

设计方案草图

建筑设计
Architecture Design

　　人类自学会建造房屋以来，分区布局是使用的底线，为此安全的建构意识是搭建空间的灵魂。不同风格、不同年代、不同功能的建筑融合在城市的街道中，和谐共存走过流金岁月。节奏感是决定建筑在环境当中的存在价值，建筑外观形态与材质颜色的变化，是环境与人类共存的巧妙提示的体现。

　　建筑在自然当中只是一个点，城市街道中的建筑以整合方法进行建造形成的是线，依据法规建设园区是面，在结构上强调可靠性，设计表现的是科学基础上的时代文明要求，巧妙选择外观材质及颜色，是建筑融入城市景观环境的前提。城市建筑内容丰富，有对应商业、居住、旅游、安全需求的对口开发。业态特性调整服务于街道功能特质，完善街区空间整体氛围是建筑设计师必须掌握的表现法则：

　　1. 以古典西洋建筑设计元素为例，丰富的建筑外观立面质感效果是重点，其表现方法多以陶瓦坡屋顶、拱形门窗、立体凸窗、扶壁柱、遮阴柱廊、造型尖塔、钟楼等形式。

　　2. 建筑细部装饰处理，装饰纹样、浮雕花饰、木艺和石艺雕刻、喷漆铁艺等，渲染出建筑在城市街道景观中的地域特色和风貌。

　　3. 现代建筑设计表现自由灵活，平面布局科学，建造快捷，安全坚固，绿色环保，无论建造在哪个地方，建筑外观都显现出高科技的时代特色。

内蒙古赤峰市综合楼建筑设计

内蒙古赤峰市站前街

内蒙古包头市小尾羊总部建筑设计

包头市昆区

北戴河建筑景观设计分析

适用北戴河每条街道前期概述

中央美术学院建筑学院 王铁教授

北戴河城市发展简史

"夏都"北戴河位于渤海湾北岸中部、河北省东北部，背依燕山，南临渤海，海岸线长18公里，滩宽海阔、沙软潮平，景色优美、气候宜人。

北戴河作为避暑胜地开发始于19世纪末。随着津渝铁路的建成，到北戴河避暑的中外人士逐渐增多，诸多文人墨客在此留下诗篇绝句。光绪二十四年（1898年）正式批复北戴河海滨为避暑区，"允中外人士杂居"，拉开了北戴河开发建设的篇章。至此，中外人士大兴土木兴建别墅，经历近半个世纪，规模庞大的近719多栋别墅形成北戴河近代大欧风格建筑群。今天北戴河被称为中国旅游业发展的"摇篮"，是中国著名的四大避暑区之一，并成为中央领导夏季办公地。

据统计，截至20世纪初，北戴河共建有欧式建筑风格的别墅总建筑面积为29.57万㎡。其建筑风格和特征设计涉及美国、英国、法国、德国、日本、俄罗斯、意大利、比利时、希腊、奥地利、瑞典、加拿大、丹麦、西班牙、瑞士、爱尔兰、挪威、波兰、印度、韩国等20多个国家，目前北戴河现存多国风格建筑150多栋。

北戴河人文资源特征

滨海城市北戴河由于地理位置和其特殊性，它的名字在中国家喻户晓，特别是近几年城市综合整治后，在国际上知名度也越来越高。历史记载，早在20世纪二三十年代北戴河就是闻名于世的避暑圣地，因其自然环境条件优越所决定。尤其是新中国成立后，国务院决定选址北戴河为党和国家领导人暑期办公地和休息场所，更是奠定发展原则。在河北省三年大变样的政策指导下，又一次迎来了整治城市建筑与街道景观的机遇，特别是以在保二路成功改造后，更加得到了各级政府在各个方面的优惠政策，为北戴河全面提升地域特色发展奠定了可靠的基础。

北戴河城市设计理念定位

以海滨城市多国风格与流派为基础，融合低碳理念基调，打造出更具魅力的艺术城市、环保城市、旅游城市。

新北戴河大欧式建筑概念特征

1. 建筑式样简洁；2. 多石墙木门窗；3. 就地取材为主；4. 兼有本土特色；5. 体量小、形式多；6. 艺术品位较高；7. 多采用廊柱台；8. 建筑装饰朴素；9. 红顶、黄墙、白线；10. 坡屋顶等要素。

保二路建筑改造景观设计

北戴河区保二路

　　北戴河区保二路位于著名景点老虎石公园北侧，北与东经路相连，南与西海滩路相连，全长约400米，红线宽度30米。该地段是北戴河主要道路，暑期中游客较为集中，是集购物、游泳、餐饮、观海于一体的繁华中心地段，因此，也是展示北戴河区整体形象的重要窗口。道路两侧建筑大多建于1992年，时至今日建筑破损较为严重，店面装修低档次较低，风格不一，没有特色，与北戴河区的整体形象和发展定位相去甚远。遵照省市"三年大变样"城市工作总体要求，为进一步改善城市环境，提升旅游城市形象，打造出维系北戴河人热爱家园的密码，为此北戴河区委、区政府启动了保二路两侧建筑及景观改造项目。

设计定位

　　保二路街道景观环境整体定位为大欧式风情街，融合历史文化精神，设计充分考虑现存建筑实际情况，以整改为主，丰富、继承和发展北戴河多国建筑风格地域风情文化特点，在街道建筑与店铺实际情况基础上，认真分析每一栋建筑，注重强调每个店铺的经营方式和特点，同时注重对业态进行综合分析。为塑造大欧洲概念小镇建筑形象，塑造氛围，强调风格，在原有建筑结构体基础上采取做加法原则。恰当选择建材，墙面采取装饰为主，屋面以增加坡屋顶为辅，既改变了建筑形象，又丰富了整体街道景观，同时又能为产权拥有者提供最大利用空间，可实施性强。强调对公用设施、建筑牌匾、招牌、建筑物夜景亮化的总体概念的可行性。保二路街道建筑景观环境整治共涉及产权单位及个人28家。

风格定位

　　大欧概念多国风情欧式小镇。

设计定位

　　轻松宜人风情度假小镇，文化之城、艺术之城、旅游之城、浪漫之城、绿色环保之城。

设计风格

　　保二路设计以具有北欧和俄罗斯风情的建筑风格为主题，大欧洲建筑文化为基础，带有些浪漫主义的童话色彩，结合北戴河5大基础元素。

　　建筑表现上注重凸窗、装饰、门廊等生活化的细节处理，装饰风格上强调传统的柱式、建筑材料，外墙装饰以涂料为主。融合北戴河红瓦、白墙、碧水、银沙的理念，营造愉快轻松、淡雅别致的视觉环境气氛，塑造街道景观悠然自得的气氛，掩映于绿树、蓝天、大海，最佳风情让人无比向往。

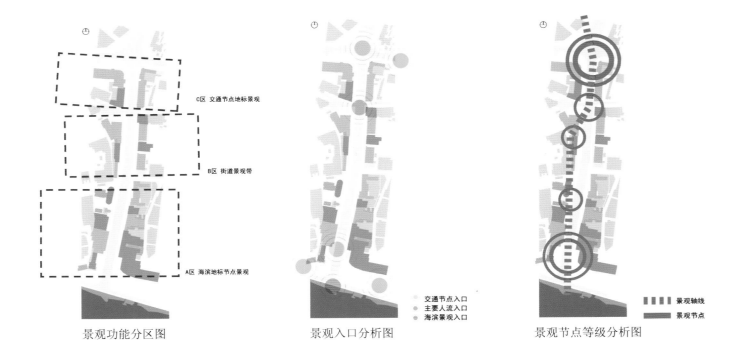

景观功能分区图　　　　景观入口分析图　　　　景观节点等级分析图

建筑色彩

以清新淡雅的暖灰色系为主调，穿插轻松愉快的红、浅黄、紫、蓝等颜色，色彩突出海滨度假小镇的宜人怡情气氛，通过建筑本身的明暗、深浅和建筑的材质形成视觉上的对比。

建筑细部

采用欧式装饰、木雕、铁艺等丰富建筑立面。

选用当地建材，配合完全现代施工的手法，灵活运用适宜的技术，对建筑进行经济上可行的生态设计，使普通人可以享受高质量、可持续的旅游环境氛围。

绿化环保

充分利用当地自然资源——太阳、雨水、植被。　使建筑能够收集太阳能发电，收集雨水循环使用，建筑墙体设计垂直绿化起到美观环境、夏季降温的作用。

牌匾｜招牌

在统一而有序的设计中构建商店牌匾和招牌，做到建筑风格与招牌合理摆放。设计强调个性特点，重点放在能够反映出经营者特色与综合形象特征上，色彩与造型强调体现大环境中的小环境，形成整体中有耐看的细节，目的在于强调旅游滨海城市的精神内涵。

街面商铺的各种灯箱广告、店名牌匾的摆布设置和形式、尺寸、色调的设计选用，应尊重建筑立面的尺度要求、比例和整体协调性，避免出现破坏建筑整体形象的视觉污染，保持建筑整体外观的典雅品位，位置不得影响建筑采光、通风和消防等功能等的法规要求。

夜景照明设计原则

夜景照明以低碳概念为主导，强调情与景的结合，利用建筑外形的部位，合理布灯，创造出情景照明概念。在光的色温、色度上强调文学性情景理念，根据亮度需要分类设置，利用美学原则塑造光空间。

增加街区夜间魅力指数，改变暗夜环境下的单调、呆板、冷清状态，焕发与白昼相媲美的勃勃生机，通过环境延续商机，烘托街区夜景浪漫温情的一面。

总平面图

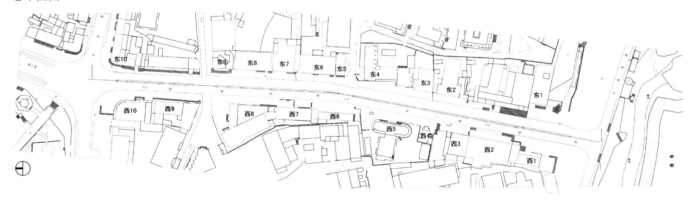

纵向视点视线
横向视点视线

景观主要视点视线分析

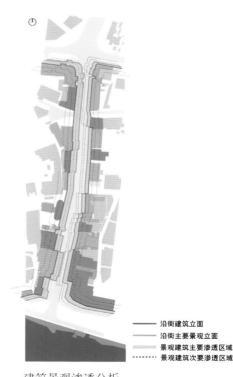

沿街建筑立面
沿街主要景观立面
景观建筑主要渗透区域
景观建筑次要渗透区域

建筑景观渗透分析

道路景观绿化分析

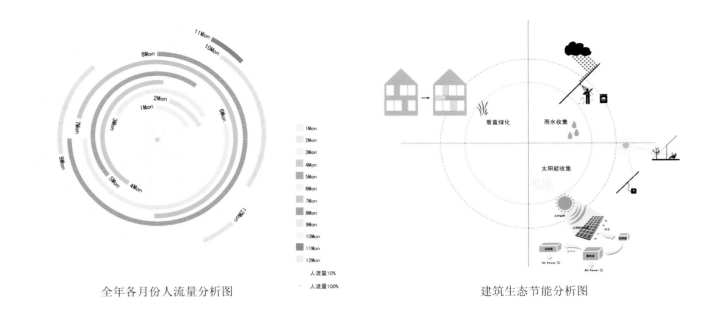

全年各月份人流量分析图　　　　　　　　　　　　建筑生态节能分析图

沿街立面图

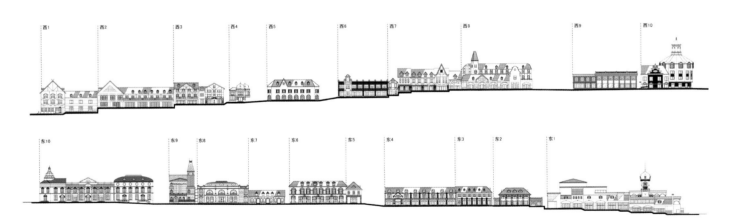

保二路街道建筑设计效果图

保二路实景照片

保二路实景照片

保二路夜景照片

保二路实景照片

联峰路建筑改造景观设计

北戴河区联峰路

联峰路是北戴河区的主要街道，处于北戴河的中心地带，街道全长约 5000 米，两侧建筑密度适中，两侧建筑多为服务类及居住类建筑。

设计风格

在挖掘、传承北戴河历史和文化积淀的基础上，以提高城市景观视觉质量为前提，合理、科学、经济地对整个街道进行改造。

整条街道风格定位以大欧式概念为主，现代简洁风格为辅，在整体视觉效果和谐的前提下，力求建筑立面简洁，并且有文化传统内涵。

建设以北戴河多国风格并存的地域文化特色这个大背景为基础，打造具有北戴河特色的街道风格。

主要建筑风格

以德式民居风格、欧洲流行风格、俄式风格、欧洲古典风格为主，部分为意大利、法国简约巴洛克、英国简约古典、西班牙、英式简约与乡村结合、日式建筑风格，多国混合。

设计元素

建筑式样简洁，多采用石墙，火烧石勾缝，木门窗。
采用地方建筑材料，兼有本土特色。
建筑体量小巧，形式各异，强调艺术风格。
设计多采用廊、柱、台、坡屋顶等建筑要素。

设计原则

针对每一栋建筑的实际状况进行针对性改造，尊重原有结构，在此基础上尽量做加法。色彩、比例、材料等方面结合建筑使用，准确定位，将建筑融入环境。在建筑风格符合整体设计原则的情况下，尽量不大动建筑，减少因改造而对当地居民生活的影响，尊重北戴河人的生活习惯，使小规模的改造可以为当地保留一些持续的记忆。

北戴河的城市色彩受地理、气候及传统建筑文化的影响较大，现已初步形成一定的色彩体系。一方面，针对冬季城市的气候特点，建筑色彩强调暖色调的应用，其中尤以米黄色和黄白相间的暖色调为多。另一方面，北戴河吸收西方文化，具有欧域遗风特征。

建筑色彩

北戴河市色彩的基础，即以米黄、白为主调。

"基本色"构成：屋顶以红色、土红色、暗红色为主，灰绿色为辅，点缀白色线脚，绿色构成"点缀色"，使整个区域形成和谐、温暖的色调。

联峰路实景照片

联峰路实景照片

红石路、黑石路建筑改造景观设计

北戴河区红石路、黑石路

红石路北接联峰北路，横跨联峰路，南联东经路，与区内多条主要道路相交，是直通海滨景区的主要路段之一。

现存街面建筑外观简陋、单调、杂乱，建筑构造体安全性较差，存在安全隐患，缺乏层次和城市肌理及地域文脉特色。多数建筑首层为开敞式商铺，街面整体视觉杂乱松散；不少建筑外观疏于维护，广告牌匾各家自行其是、品质各异；路面铺装不整、道边设施缺少装饰美化，整体街面形象不佳，缺乏现代海滨旅游文化名城应有的环境品位和特有气质。

全路段以商业类建筑为主，经营海鲜海货、旅游商品大排档及餐饮商铺建筑占有很大比重。另有多栋旅游宾馆及疗养建筑、住宅建筑，数栋政府办公建筑和一栋金融建筑。

绿地量不够，基本上无设计，局部有一定风格的现代建筑很少，但形式杂乱；几栋具有明显欧式风格的建筑夹杂期间，但缺少整合；风格凌乱无序的街道上，现存建筑存在安全隐患问题。

1. 总体指导原则

在挖掘、传承北戴河历史和文化积淀的基础上，以提高城市景观视觉质量为前提，合理、科学、经济地对整个街道进行改造，整条街道风格定位欧式为主，现代简洁风格为辅，从而使红石路、黑石路体现出北戴河特有的历史文化形象特征，形成丰富的街道景观。

异域格调，沧桑轮回；巧用传统印记，展示时代变迁，新旧交错，商业融合。以北戴河旅游避暑胜地历史文脉为基调，充分展现具欧式多国建筑风格的城市街道场景。

2. 建筑景观风格定位

以大欧式风格概念为主，现代风格为辅，在整体视觉效果和谐的前提下，力求建筑立面简洁，并有传统文化内涵。

3. 规划定位

针对该路段街区是一个以旅游商业经营为主要特色的步行商业街区特点，整体规划设计既要重视视觉艺术质量的提升和注重商业使用功能的完善，更要塑造出一条充满旅游购物活力、独具浓郁海滨特色、具有历史文化气息的商业街区环境景观。

剔除、改变与整体空间景观特征相冲突的元素，引入可改善加强建筑景观特征的结构形体、材质、色彩要素，引入和谐自然而丰富多样的外貌形式，修整、改变、提高建筑物和景观的视觉特征，并以更为适应建筑功能和地形特征、融合自然景观的规划组织，形成具有多样统一、节奏有序的全新空间。

关注功能品质和商旅需求，强化步行商业街区场所特征，建筑景观形式改造的尺度与模式紧密结合空间行为心理特点，将建筑景观、商业活动与游人、客商进行完美协调，创造出与北戴河特有风貌相吻合的动人的空间环境体验。

4. 设计构思

海滨自然景观印象：海水、沙滩、阳光、候鸟、缓坡。

历史记忆传承，西洋建筑遗构："红顶素墙、高台明廊"，坡屋顶，红陶瓦，弧形门窗，铁艺栏杆。

从北戴河自然景观和人文历史信息中提炼出适当的形象元素，依据建筑原始结构，结合自然环境条件，借用西洋古典建筑造型手法，通过形体构造、装饰纹样、材料色质的全新组合设计，将参差错乱、良莠不齐、体态不均的混乱现状环境，以不同节奏、不同视觉及体验感受的空间质感，串联组成一条和谐动人的街巷图景。

重点地段要给予强调与突出，并结合周边建筑使用功能综合考虑，建筑与景观相互联系、互相渗透，共同和谐地在街道中生长。

注重环境的生态特性，充分利用现有植被及绿化铺装等景观因素，依地形、场地、人流动线状况，巧借本地绿植品种的植栽和透水地砖的铺装，创造一个绿荫宜人、鸟语花香的生态化园林式景观道路。

5. 改造分类

按照现状建筑基本外形视觉及适用状况的差异程度，从外观材质、色彩、构件、形体等四个方面分别采用调整、变化和改造工程设计。

A 类建筑：
现状较佳，式样较新。以材料、色彩调整变化为主。

B 类建筑：
现状欠佳，视觉形象欠佳。材料、色彩与局部构件改造。

C 类建筑：

现状不佳，样式较旧，视觉形象欠佳。材料、色彩、构件、形体全面改造。

6. 建筑改造

建筑现状外立面材质和颜色单调，缺少变化与节奏感；整体比例多有不协调之处，格调不和谐；部分建筑立面构造材质关系模糊，虚实对比无美感。

在融合不同风格、不同年代、不同功能建筑立面和谐共存的原则基础上，采取整体整合的方法进行改造，依据建筑现有状况和原有结构进行组合设计；根据建筑的功能性对建筑外立面材质及颜色进行调整，改变外立面的单调呆板；建筑与景观环境设施相互协调，互为景致；对应商业、旅游活动的需求，对某些建筑形态进行适应业态特性的调整，服务于街道功能特质，完善街区空间整体氛围。

以西洋建筑构造元素，如陶瓦坡屋顶、弧形门窗、立体凸窗、扶壁柱、遮阴柱廊、造型尖塔、钟楼等形式，恰如其分地渲染街道景观建筑的地域特色风貌。结合建筑细部装饰处理，以装饰纹样、浮雕花饰、木艺雕刻、喷漆铁艺等，美化、丰富建筑外观立面质感效果。

7. 色彩图示示意

根据海滨旅游小镇街道风格定位，强调多国风格与低碳观念相结合。从地区自然元素和历史建筑记忆符号中选取色彩，结合建筑立面风格，以或清新淡雅、或轻快活泼的明亮多彩色系为主调，衬以部分沉稳、典雅的含灰色彩，突出生活小镇街巷的宜人怡情的优雅气氛。通过明暗、深浅和建筑形体轮廓、线条、块面的变化组合，结合建筑外装界面材质肌理来构成层次丰富、效果多样的视觉感受。

8. 垂直绿化与低碳理念

巧妙利用建筑立面，结合综合环境氛围，设计形态多姿的具有丰富环境功能的视觉亮点。充分利用当地植物资源，选用多种绿化手段，丰富环境绿化效果和生态效应。改善场地绿化现状，提高绿化环境品质。

绿化体系：点状绿化、线状绿化、面状绿化。

建筑周边绿化与建筑绿化。利用建筑外部形体条件，考虑垂直绿化。建筑绿化基本形式：棚架式、凉廊式、篱垣式、附壁式、立柱式。

9. 生态节能理念

利用建筑屋顶坡度适当选择位置，做到屋顶与太阳能设备巧妙结合，创造出风格与功能的完美统一。

推行"环保、生态、绿色、健康"城市生活的主题理念，通过对建筑、街道设施、街道环境的生态改造设计手段选用，增加街道绿化面积，加大对自然资源的利用。

建筑节能手段：太阳能，采集利用能源；雨水回收，收集能源；垂直绿化，建筑保温隔热，节约能源；老虎窗，建筑通风，节约能源；双层屋顶，建筑隔热保温，节约能源；环保技术和材料的极限运用。

生态街道，主要以生态道路铺装来实现：生态砖、透水砖、草坪砖，透水性材料等。绿化选用当地易存活的植物品类。

10. 建筑环境绿化

选择恰当的公共地块结合周围大环境，创造大环境中的精美小环境亮点设计，利用建筑物墙面添加精美的挂盆和几何形的竖向排列模式绿植，尽可能增加环境氛围绿化概念的广泛应用。

让市民、游客深入感受体验北戴河的特有文化生活状态，全力打造紧随步行人流行踪的场所景观、步行景观序列化空间设计。

依据场地、建筑条件，结合服务设施、雕塑小品、夜景照明、绿植配置，以融合建筑风格和功能、地段的景观形式，选用适宜的形体构造、材质色调、尺度模数，体现地域文化特征，强化公众参与性与感应性，提高整体空间环境的舒适性和吸引力。

11. 视觉导视

视觉引导设计强调合理有效结合大环境概念，导视形态表现讲求视觉美，不对周围景观产生遮挡，指示明确，方向性准确，路名牌上标示方向。色彩与造型方面可根据实际条件整体考虑。

通过丰富和富有趣味及互动性的搭配设计来展示温情宜人与活泼生动的场景，如遍布整个街区的灯具、导视标识牌、电话信息亭、休息椅、垃圾桶、商亭等街区公共服务设施，完善环境整体空间视觉及功能体验。

适当点缀材质相宜的街道雕塑小品，运用抽象的元素和大胆的色彩来展现步行街道空间中的细节魅力，与体态丰富的建筑一起勾画城市的轮廓，渲染城市空间，激活街市魅力。

12. 牌匾｜招牌

在统一而有序的设计中构建商店牌匾和招牌，做到建筑风格与招牌合理摆放。设计方面强调个性特点，重点放在反映出经营者特色与综合形象特征，色彩与造型完美体现大环境中的小环境，形成整体中有耐看的细节，目的在于强调旅游滨海城市的精神内涵。

服务于街面商铺的各种灯箱广告、店名牌匾的摆布设置和形式、尺寸、色调设计选用，应尊重建筑物的尺度、比例和整体协调性，避免出现破坏建筑整体形象的视觉污染，以保护建筑整体外观的典雅品位，并且不得影响建筑采光、通风和消防等功能的正常使用。

13. 红石路、黑石路景观照明与环境概念意向

夜景照明设计原则

夜景照明以低碳概念为主导，强调情与景的结合，利用建筑型与形的部位，合理布灯，创造出情景照明概念。在光色温、色度上强调文学性理念，根据亮度需要分类设置，塑造光空间中的美学原则。

合理增设布置景观及建筑场景情境照明、街道及商铺照明，增加街区夜间魅力指数，改变暗夜环境下的单调、呆板、冷清状态，焕发与白昼相媲美的勃勃生机，延续商机。

建筑照明采用情景照明的方式为主，通过对特定楼体的单独照明设计，使该建筑本身特点得以充分展现。结合该街道主要以步行商业店铺为主、兼顾餐饮住宿的特点，因此街道建筑照明宜做到绚烂多姿、光彩宜人。整体照度可中等偏低，以烘托街区夜景浪漫温情的一面。

市政设施：包括路灯、地灯、草地灯、泛光灯等绿化照明。

树木亮化：配以绿色投光灯照明亮化方式自下而上照明。

酒店类建筑照明

照明原则：强调建筑形态与光环境相结合的照明原则，反对照亮而浪费的手法。

建筑立面照明三原则：①情景化；②空间关系化；③舞台化。

为更好地丰富城市夜景观创造出主题模式来区分时，分段进行有效合理控制科学管理。

亮度原则：突出建筑入口就是建筑顶部，其次突出欧式装饰细部等部位。酒店牌匾、入口亮度比周围亮度高 2 ～ 3 倍。

政府类建筑照明

照明原则：体现欧式建筑形体风格的特点，重点强调檐口以上尖顶、穹顶的灯光照明，以及入口门斗、一层线脚等部位的照明，灯光色彩主要以黄色泛光灯为主，结合建筑线脚的 LED 白色带，突出政府类建筑庄重的特点。

亮度原则：重点突出建筑入口及欧式建筑顶部，其次突出欧式装饰细部等部位。入口亮度比周围亮度高 2 ～ 3 倍。

商业类建筑照明

照明原则：体现欧式建筑形体风格的特点，重点强调商家牌匾，橱窗照明，入口照明灯；其次强调建筑顶部结构照明。灯光色彩主要以黄色泛光灯为主，结合建筑线脚的 LED 白色带，突出商业类建筑商业气氛特点。

亮度原则：重点突出牌匾，建筑入口。牌匾亮度比周围亮度高 2 ～ 3 倍，橱窗亮度比卖场亮度高 2 ～ 4 倍，立面照明以黄色投光灯为主，主要突出建筑形体感。

住宅类建筑照明

照明原则：体现欧式建筑形体风格的特点，重点强调建筑顶部檐口照明和一层商服空间照明，灯光色彩主要以黄色泛光灯为主，结合建筑檐口线脚的 LED 白色带，强调不影响居民夜间休息的原则，突出住宅类建筑静谧和谐的特点。

亮度原则：重点突出建筑顶部穹顶、一层商服空间，一层亮度及顶部亮度比周围亮度高 2 ～ 3 倍，主要突出建筑形体感。

14. 主要建筑风格

红石路
改造方式融合了不同的建筑风格，形成了和谐自然而丰富多样的外貌形式。

AE1

工商银行原有建筑材质和色彩单调，整体比例不协调，没有体现出公共建筑端庄、大气的形象。改造采取整体整合的方法进行，以巴洛克式建筑的构造元素，如山花、重檐、倚柱、弧形门窗等形式渲染街道景观建筑的地域特色风貌。结合建筑细部装饰处理，装饰纹样、浮雕花饰等，美化、丰富建筑外观立面质感效果。

AE3

原有建筑为临时搭建的棚子，外立面形式呆板简陋，色彩单调。以西洋建筑构造元素，如坡屋顶、柱廊等形式，结合建筑细部装饰处理，装饰纹样等，美化、丰富街道景观的地域特色风貌，完善街区空间整体氛围。

AE5～7

原有建筑为一层平房的连续门面，以英式建筑的外露木构架、砖砌底角等构造手法与巴洛克式的山花廊柱相融合，丰富建筑外立面的质感效果。通过局部加高来调整单调的天际线，以完善街区空间整体的氛围。

AE8～E10

原有建筑为一层砖混建筑，引入融合日式、欧式、美式等多国建筑风格，以改变原有重复性与均质空间的缺陷。建筑细部上增加新的装饰要素，如装饰栏杆、弧形拱门、欧式构件、日式坡屋顶等。

AE11

根据原有建筑形态，在钢结构的基础上增加坡屋顶、木作扶手护栏与铁艺结合，营造大气通透的日式建筑空间。

BE12

在建筑的立面的窗间设置样式柱及女儿墙，丰富立面层次。

BE13

运用欧式建筑风格与原有建筑叠加，在原有建筑的基础上增加坡屋顶和老虎窗，改变了其屋顶形式。着重在挑台的处理，使建筑底层形成柱廊空间，木作栏杆的运用营造建筑的古朴与异域风情。

BE15～BE17

钢结构辅以铁艺，营造欧式风情的廊架空间。

BE18

根据建筑顶层结构设置钢结构廊架空间，从而改变原有的屋顶形式，一二层探出的结构也以同样方式处理。廊架铁艺的纹样在日光下的独特光影与建筑本体交相辉映。

BE19

融合德式建筑的装饰风格，在增加坡屋顶的基础上把木艺装饰纹样与立面结合，体现了异国情调的同时也丰富了立面形式。木质挑出平台也为原有的建筑体增加了更多的展示与使用空间。

BE20

柱式与欧式线脚的组合，天然石材的运用，极富装饰性的窗框与门框，组织于一身，形成多层次的光影立面，营造了建筑的肃穆与大气又不失变化。

黑石路

BN1 ～ BN5

用简欧风格的改造方式，改变原有建筑外立面的单调呆板，增加了建筑细部的装饰处理，如山墙、扶壁柱、装饰栏杆、弧形拱门等。遮阴廊架的增加也使整个街道空间更加人性化。

BN6 ～ BN9

融合德国建筑的装饰风格，在增加坡屋顶的基础上把木艺装饰纹样与立面相结合，体现了建筑异国情调的同时丰富了立面形式。老虎窗的设置使整个建筑不再单调，也突出了建筑风格。

AW3 ～ AW6

为改变原有建筑造型单一、外立面材质和色彩单调的状况，以英式建筑坡屋顶、老虎窗、外露木构架、木拱廊、尖塔凸窗等建筑构造元素来突出建筑外立面质感效果，渲染街道景观建筑的整体氛围。

AW11、AW24

利用原有建筑的凹凸空间，融合日式木廊道作为入口，屋顶改为坡屋顶，增加了立体凸窗。立面采用了木质装饰纹样，使整个形式语言丰富。

AW12 ～ AW13

融合德国建筑的装饰风格，在增加坡屋顶的基础上将木艺装饰纹样与立面结合，既体现了异国情调，同时也丰富了立面形式。老虎窗的设置也使整个建筑不再单调。

AW14 ～ AW16

用欧式风格处理，在原有建筑的基础上增加坡屋顶和老虎窗，改变原屋顶简陋单调的外形。主要立面着重在挑台的处理，使建筑底层形成柱廊空间，栏杆柱式也采用了极具装饰意味的处理形式。

AW17 ～ AW19

以日式建筑风格为主，增加了木构廊架和坡屋顶。门窗框的立面装饰也采用了自然的石拼风格，使整个建筑呈现轻松惬意的宜人气氛。

红石路、黑石路街道建筑设计效果图

红石路、黑石路街道建筑设计效果图

红石路、黑石路街道建筑设计效果图

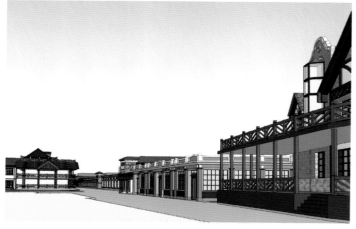

红石路、黑石路街道建筑设计效果图

红石路、黑石路街道建筑设计效果图

红石路、黑石路街道建筑设计效果图

红石路、黑石路街道建筑设计效果图

红石路、黑石路街道建筑设计效果图

红石路、黑石路街道建筑设计效果图

红石路、黑石路街道建筑设计效果图

海北路、西海滩路建筑改造景观设计

北戴河区海北路、西海滩路

　　海北路位于秦皇岛市北戴河区西部，为连接火车站与滨海度假区的主要迎宾景观道路。道路中心线距建筑为 5 ～ 20m 不等。道路宽度 17.5m。

　　建筑形态风格陈旧、立面形象不鲜明，视觉效果不佳，模式化的处理不能满足不同行业的功能与经营需求。道部分坡屋顶建筑屋顶坡度比例有待调整，以适应建筑比例。路沿线有大量的围墙大门需要进行艺术处理，减少视觉干扰。

设计定位

　　海北路以段落式结构打造一条脉动的北戴河区迎宾景观路，定位于人文、艺术、环境、休闲的有机统一。

　　段落式结构塑造"城市－田园－海滨"的三部曲式。北段打造具有商业活力与吸引力的区域性商业街，满足社会消费与生活诉求。中段要将北戴河区的地域特色和人文内涵融入村庄立面整治设计与道路景观设计中去，使之成为河北地区乃至全国独具地域风格和视觉吸引力的乡村田园景观观光街区，呈现环境与艺术的有机结合。南段依托戴河与疗养度假园区，引入环保材料和环保理念本土材料，打造滨河生态休闲景观路。

　　北戴河海北路的道路景观通过现状建筑立面改造、建筑周边环境整理、林带季相规划、地形有机处理、点缀节点雕塑、色彩规划，以及风景视线延伸等景观手法，力求将艺术气息融入其中，塑造整体统一而区域特色丰富的景观面貌。

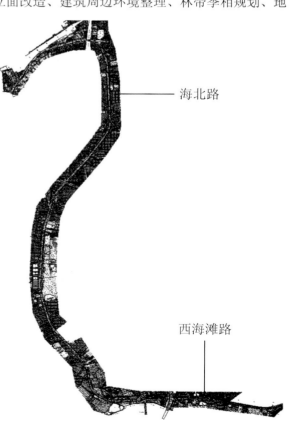

海北路

西海滩路

设计原则

　　规划以现状为基础，通过功能结构和景观处理统筹考虑城市发展与景观塑造的统一。功能结构上分为三大段落：都市商业区、都市农庄景观与度假区、度假疗养区。

　　在三大段落间分别置入公共服务区来提供功能服务并作为区块内的景观节点。京沈高速引桥构成独立的功能节点，同时将狭长的都市农庄景观与度假区从空间上进行段落划分。

　　作为一条长达 7km 的迎宾景观路，需要多样性的风格才能打破冗长的线性空间的沉闷。独具特色的风格规划体现出地域文化传承与艺术情怀的统一，带给人们不同的体验，通过体验的变换消解疲劳。

对于风格的选择考虑六种类型

德式建筑风格、俄式建筑风格、荷式建筑风格、北欧式建筑风格、美式建筑风格、英式建筑风格。

景观规划

在保持整体道路景观基调统一的基础上，依据景观风格特征自北向南将整体道路景观进一步分为六种类型的景观区：林荫道景观区、乡村风景林景观区、乡村田园景观区、道路环岛景观区、艺术风景园景观区和滨水休闲景观区。

海北路、西海滩路修改意见

序号	名称	修改意见	备注
	西海滩路（重点）		
1	N1		
2	N2：蓉强		
3	N3：旺达、静洋源		
4	N4：西来顺	保留一层，不做二层（参照海北路泓源浴池的做法）西海滩路（N1-N9 前的）停车位整理一下，海北路泓源浴池见照片	
5	N5：西港饭店		
6	N6：鸿岐五金		
7	N7：佳美汽车		
8	N8：联海		
9	N9：金源		
	海北路		
10	E1：巡警中队	已有设计方案做施工图	X
11	E2：海北路小学	已有设计方案做施工图	X
12	E3：海北路幼儿园		X
13	E4：广告耗材		X
14	E5：海北小区入口北侧临街建筑		
15	E6：海北小区入口南侧临街建筑	菜市场位于小区南侧	
16	E7：海北小区入口南侧菜市场		X
17	E8：东坨头村建筑群		X
18	E9：国家电网	主楼刷涂料	
19	E10：龙翔	改变楼体颜色	
20	E11：秦皇岛道路改造工程项目经理部	简单处理	详见施工图
21	W1：金财保温材料有限公司 恒缘超市，加油站	做遮挡处理，围栏或者其他方式	

海北路、西海滩路街道建筑设计效果图

海宁路建筑改造景观设计

风格定位

北欧风情小镇

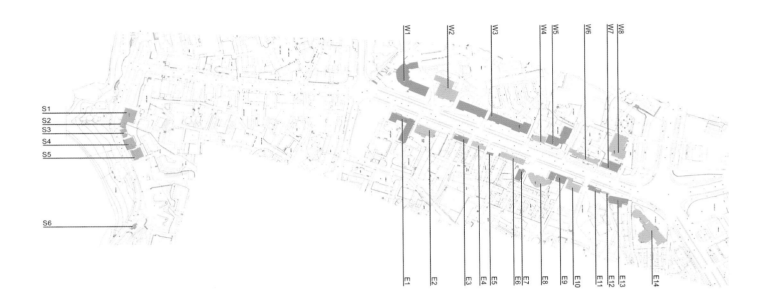

设计定位

轻松宜人风情度假小镇，文化之城、旅游之城、绿色环保之城。

设计风格

海宁路的以具有北欧风情的建筑风格为主题，更带有些浪漫主义的色彩，结合北戴河五大元素。

建筑功能上注重凸窗、门廊等生活化的细节处理，装饰上会有传统的柱式、花架，外墙线条装饰以涂料来处理。融合北戴河红瓦、白墙、碧水、银沙的地区特色，营造一种愉快轻松、淡雅别致的环境气氛。

塑造街道悠然自得，掩映于绿树丛中，让人无比向往的风情。

建筑色彩

以清新淡雅的暖灰色系为主，穿插轻松愉快的浅黄、紫、红、蓝等色彩，突出度假小镇的宜人怡情的气氛，另通过明暗、深浅和建筑的线条轮廓、建筑材质来形成视觉上的对比和冲击。

建筑细部

采用木雕、铁艺等丰富建筑立面效果。

使用当地的材料，配合完全现代的手法，灵活运用适宜的技术，对建筑进行经济上可行的生态设计。使普通人可以享受高质量的可持续的生活环境。

绿化环保

充分利用当地自然资源：太阳、雨水、植被。 使建筑能够收集太阳能发电，收集雨水自我循环，建筑墙体垂直绿化起到夏季降温的作用。

结合建筑构造体，垂直绿化，建筑保温隔热材料。

秦皇岛市北戴河区海宁路建筑沿街立面面积统计		
建筑编号	建筑商户名称	立面面积（单位：m²）
E1	新华书店	1036
E2	通信宾馆、丝绸购物中心、同祥数码冲印、天天海鲜烧烤拍档	1028
E3	光明眼镜部、长城数码、金阳烧烤、金顺超市、金阳海鲜烧烤大排档	547
E4	和睦超市、海鲜大排挡	547
E5	国凯宾馆	379
E6	小商铺、旅馆	854
E7	铁路招待所（辉腾酒店）	418
E8	渔岛海鲜铁路宾馆	1077
E9	迎宾超市、海鲜排档、中宝丝绸	439
E10	北戴河疗养院	296
E11	口腔美容治疗中心	404
E12	不差钱农家饭店、保健茶社	184
E13	清真饭店、海宁路超市、宾馆海鲜排档城、海建复印社	425
E14	华北电力大厦	5343
W1	天鹅堡酒吧广场	1922
W2	潞河假日	1190
W3	天鹅堡商业街	1981
W4	大海鲜大排档	590
W5	海浪金海超市、德信药店	739
W6	蓝天宾馆、金税海鲜排档、旅馆、工商行政管理	1750
W7	小商铺	182
W8	望海楼宾馆	1732
	总面积	23063

（屋顶立面面积未记入）

海宁路建筑设计立面图

海宁路街道建筑设计效果图

海宁路街道建筑设计效果图

海宁路街道建筑设计效果图

海宁路街道建筑设计效果图

北戴河车站 205 国道商业建筑设计

北戴河区火车站前 205 国道

设计定位

极具欧式风情的城市街道，文化之城、旅游之城、绿色环保之城。

设计风格

站前大街参照历年来老北戴河火车站的建筑风格，采取具有欧式建筑风格为主题，结合北戴河五大元素，突出北戴河历史文化和现代文明的建筑群体。

建筑功能上注重火车站前大街特有的特点，人流多，有食宿的需求等。建筑设计考虑业态及其底层商业功能使用。适当增添凸窗、门廊等生活化的细节处理，装饰上会有传统的柱式、花架，外墙线条装饰以涂料来处理。融合北戴河红瓦、白墙、碧水、银沙的地区特色，营造一种愉快轻松、淡雅别致的环境气氛。

建筑单体设计

欧洲风情建筑。

北戴河五大元素：红瓦、绿树、白墙、蓝天、金沙。

建筑元素：元素以为柱廊、坡屋顶、拱门，尖塔、洛可可式的装饰纹样和雕花丰富建筑立面效果。增加凸窗、廊的设计以丰富街道风貌。

色彩：以清新淡雅的暖灰色系为主，穿插轻松愉快的浅黄、紫、红、蓝等色彩突出度假小镇的宜人怡情的气氛，另通过明暗、深浅和建筑的线条轮廓、建筑材质来形成视觉上的对比和冲击。

建筑细部：采用木雕、铁艺等丰富建筑立面效果。

建筑技术指标

用地面积：29500m²
国道宽度：50m   消防道路宽度：6m
绿地面积：11400m²
结构形式：混合结构   采暖形式：集中供暖
建筑使用面积：34500m²

建筑单体面积统计					
编 号	单层面积	总面积	编 号	单层面积	总面积
A区			C区		
N1	一层 490 m² 二层 403 m² 三层 403 m²	1296 m²	S1	一至二层 611 m²	1222 m²
N2	一层 174 m² 二层 174 m²	348 m²	S2	一至二层 271 m²	542 m²
N3	一层 368 m² 二层 320 m²	688 m²	S3	一至二层 350 m²	700 m²
N4	一层 145 m² 二层 145 m²	290 m²	S4	一至二层 1340 m²	2680 m²
N5	一层 145 m² 二层 145 m²	290 m²	S5	一层 533 m² 二层 309 m²	842 m²
N6	一层 145 m² 二层 145 m²	290 m²	S6	一至二层 1340 m²	2680 m²
N7	一层 145 m² 二层 145 m²	290 m²	S7	一层 416 m² 二层 386 m²	802 m²
N8	一层 1028 m² 二层 915 m² 三层 915 m²	2858 m²	D区		
N16	一层 125 m² 二层 125 m²	290 m²	S8	一层 588 m² 二层 182 m²	770 m²
N17	一层 125 m² 二层 125 m²	290 m²	S9	一层 694 m² 二层 630 m²	1324 m²
N18	一层 125 m² 二层 125 m²	290 m²	S10	一至二层 258 m²	516 m²
N19	一层 125 m² 二层 125 m²	290 m²	S11	一至二层 258 m²	516 m²
B区			S12	一至二层 258 m²	516 m²
N9	一至四层 618 m²	2472 m²	S13	一层 537 m² 二层 507 m²	1044 m²
N10	一至二层 627 m² 三层 430 m²	1684 m²	S14	一至二层 258 m²	516 m²
N11	一至二层 627 m² 三层 430 m²	1684 m²	S15	一至二层 306 m²	712 m²
N12	一至二层 306 m²	612 m²	S16	一层 145 m² 二层 145 m²	290 m²
N13	一至二层 306 m²	612 m²	S17	一层 145 m² 二层 145 m²	290 m²
N14	一至二层 1340 m²	2680 m²	S18	一层 145 m² 二层 145 m²	290 m²
N15	一至二层 309 m²	618 m²	S19	一至二层 178 m²	356 m²
			S20	一至二层 587 m²	1174 m²

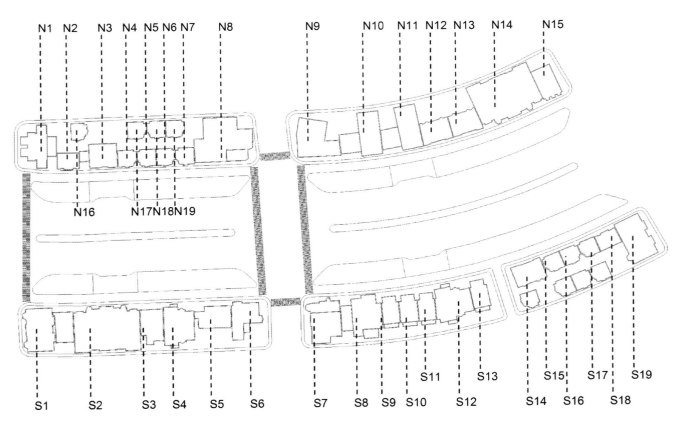

北戴河车站 205 国道商业建筑设计立面图

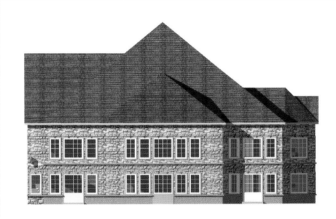

北戴河车站 205 国道商业建筑设计立面图

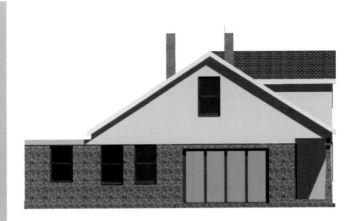

北戴河车站 205 国道商业建筑设计立面图

北戴河车站 205 国道商业建筑设计立面图

北戴河车站 205 国道商业建筑设计立面图

北戴河车站 205 国道商业建筑设计效果图

A 区建筑立面

B 区建筑立面

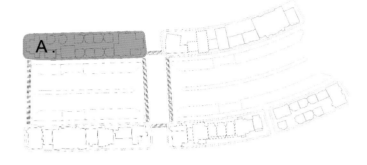

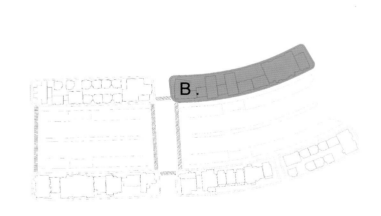

C区建筑立面

D区建筑立面

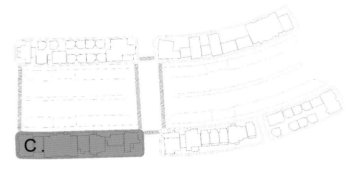

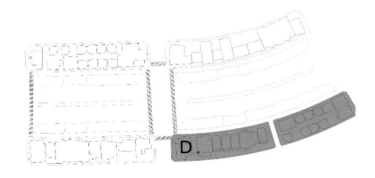

北戴河车站 205 国道商业建筑设计效果图

北戴河车站 205 国道商业建筑设计效果图

北戴河车站 205 国道商业建筑设计效果图

北戴河车站 205 国道商业建筑设计效果图

北戴河文化创意产业园建筑规划设计

北戴河区联峰路

北戴河文化创意产业园工程概况

本项目为北戴河文化创意产业园建筑方案设计邀标项目，用地处于北戴河南部滨海片区的中心地段，南邻联峰路，西邻规划国花路，北部为北戴河区园林局、住建局的办公区，东邻怪楼奇园。基地距中心主街保二路500m，距老虎石海滨公园900m。基地内有大约0.33hm²的自然湖面，原生树木成林，远处为风景秀丽的联峰山植物园区，自然环境优越。

项目总用地约：2.83hm²（以实测为准）。
总建筑面积约合34800 ㎡（地下部分除外）。

建设用地内构成：
1. 国家画院北戴河分院；
2. 艺术博物馆群；
3. 艺术创意之家；
4. 职工之家；
5. 文化交易动漫大厦。

北戴河文化创意产业园内含展览展示、文化艺术交易、拍卖、动漫研发、教学、办公、会议、餐饮、健身及员工宿舍等几大功能组成，是面向国内和国际的重要文化交易、交流、培训基地，建成后将成为国际一流的现代化文化艺术创意产业园区。

北戴河文化创意产业园设计原则

1. 强调北戴河地域文化特色"夏都"主题。
2. 建筑设计追求旅游区域的滨海形象。
3. 巧用地形合理布局，做到景中有景的设计原则。
4. 设计风格为融合式表现建筑，考虑到北方地区在枯黄季节的变化，建议色彩选用砖红色外墙砖加中灰色窗门及顶部、底部变化，即三段式的和谐外观。
5. 利用周边有利条件，创造具有独特表现力的建筑群，每一栋建筑在统一中都有自己的特点。
6. 强调群体当中的个体存在感，把握建筑的综合表现力。

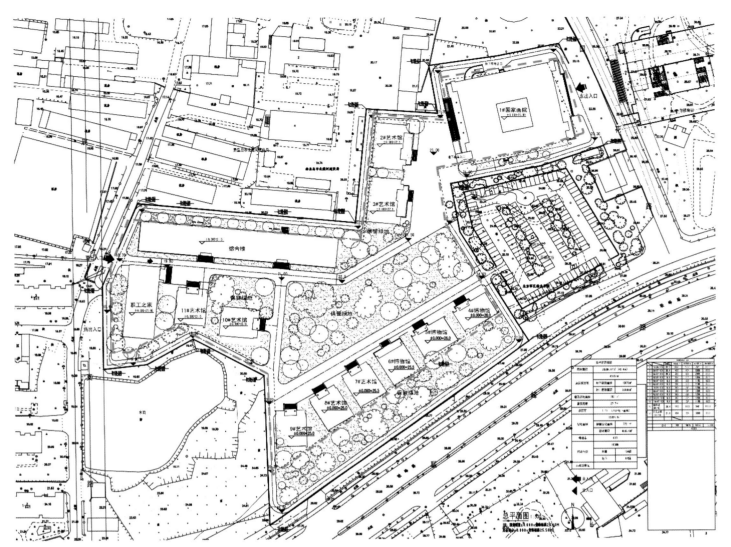

总用地面积		28266.67m²
总建筑面积		43161m²
其中	地上面积	33088m²
	地下面积	10073m²
建筑占地面积		7831m²
建筑密度		27.7%
容积率		1.17（不及地下面积）
绿地面积		12284.6m²
其中	保留绿地	7721m²
	新建绿地	4563.6m²
绿化率		43%
机动车停车数		196 辆
其中	地上	134 辆
	地下	62 辆

主要经济技术指标

北戴河文化创意产业园建筑规划设计鸟瞰图

北戴河文化创意产业园建筑设计效果图

哈尔滨国际饭店建筑改造设计

黑龙江省哈尔滨市

　　哈尔滨建筑具有多种风格及文化并存的特点。近代百年里，逐渐形成了以俄罗斯建筑艺术为基础，融合了折中主义、新艺术运动、现代主义风格等多种建筑文化，融合了多国风格和中国本民族建筑文化精髓，成为建筑文化的多元表象。建筑形态个性鲜明，特别是在铁路建筑样式中形成了独特的风格，从大的铁路局办公楼到小的住宅楼，都表现出建筑艺术在哈尔滨城市发展过程中鲜明的特色。如同为商业建筑，秋林公司采用折中主义风格等，丸商百货店采用现代主义风格和样式，从而满足商业建筑要求。哈尔滨城市发展辉煌的历史积累了大量的城市建设经验，至今仍影响着哈尔滨的建筑设计走向。由于众多的折中主义风格造就了哈尔滨的城市建筑和景观，被誉为"东方小巴黎"。因此，哈尔滨的建筑一直都处在生机勃勃、百花争艳的繁荣中，并以具有很强的多样性特色闻名于世。

　　以国际饭店为主的广场节点充分考虑上述历史，尊重现实，创造出修旧如旧、修旧如初的精神继承，创造出具有历史文脉和时代要求的哈尔滨新形象。

　　广场节点的建筑保护与开发划分为三个等级，一级为中心保护区，二级为连接控制区，三级为有条件建设区。国际饭店新建建筑位于二级保护区内。作为过渡区域，承接着保护性旧建筑与现代城市建筑之间风格形态的转换。

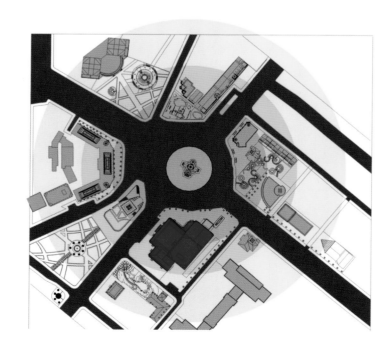

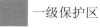 国际饭店　　 一级保护区　　 二级保护区　　三级保护区

哈尔滨国际饭店建筑改造设计鸟瞰图

哈尔滨国际饭店建筑设计效果图

哈尔滨国际饭店建筑设计效果图

济宁鲁商瑶院商业街建筑设计

山东省济宁市

商业位置

位于项目西侧，沿规划路东侧设立临街商业街。

商业定位

1. 整体定位

复合型高档社区配套商业街。

2. 功能定位

综合性社区配套商业街。

3. 业态定位

以餐饮、特色店为主导，社区配套为辅助。

4. 商业街档次定位

符合项目豪宅形象的高端社区配套商业形象，但实际消费档次则为中等或中等偏低。

5. 客群定位

目标客群特征：以生活需求性消费为主导，随机性消费为辅助。

6. 区域来源

主力客群：社区中高端人群；

次主力客群：项目周边区域中高端人群；

补充客群：西南区域的中高端人群。

7. 消费水平

以中档消费为主。

布局建议

沿项目西侧贯穿南北的重要交通干道规划路以东，形成以规划路为轴心的特色商业带；

分别于项目南北两侧端头设置独具特色的商业建筑，以吸引区域人流，带旺商业街运营；

分别于南北侧两端头与秋水河中段设立 3 个集中式商业节点，通过集中式商业节点规划引导客群有目的性的消费，从而带动商业街的有效运营。

物业建议

1. 建筑形态：主体 2 层，局部节点 3 层设计；建议层高一层不低于 4.5m，二层不低于 3.5m。
2. 建筑条件：框架结构设计，易于后续分隔组合，进深 12m，开间 9m。

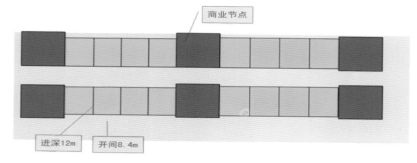

3. 商铺划分及面积建议：商铺灵活组合，上下两层单铺面积 160 ㎡ 以下。

4. 端头与节点采用独具特色建筑设计

南北端头位置建议以标识性、具有特色、情景体验式的标志性建筑设计，以吸引区域客流；

商铺二层屋面局部可作为三层露台使用，三层由商铺和露台组成，诸如特色餐厅、酒吧等需要风情露台，以增加整个商业街的层次感；

沿秋水河两侧商业三层局部做退台设计，不但可丰富立面，更增加商业情趣。

业态布局建议
业态分布

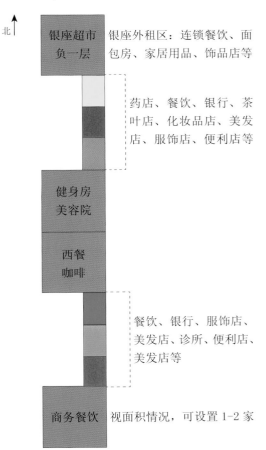

节点业态建议

银座超市

面积 10000 ㎡ 左右，建议由银座提供相应的建筑要求及规模建议；

健身房

规模：1500 ～ 2000 ㎡；

建筑结构要求

(1) 商业区或居民区商业中心的 B2 ～ 7F，在同一层面的单层。租赁部分物业层数 1～2 层，如不连续租赁之楼层，客梯应直达所属区域，中间不停留。

(2) 工程交付不需要做内部装修，公共区域要求良好装修。

(3) 自行装修为初装修，地板简单整洁，风格自主制定，地板尤其需要高抗压型、耐磨性好。

(4) 楼板荷载不小于 500kg/ ㎡。

(5) 层高净高不低于 3.5m。

(6) 中央空调、冷热水供应以及水压符合行业要求。

(7) 独立用电，单独计量，不少于 200kW。

(8) 周边有公共停车位。

大型餐饮

规模：800 ～ 2000 ㎡。

建筑结构要求：设置排烟设备、上下水管线、隔油设备、三相单相电源、强电、弱电电路等设施要齐全，并根据餐厅大小、客流量等情况确定和调整上下水管线的粗细和隔油池的大小，一般来说，隔油池不小于 80 cm ×150 cm，下水管道最好是明沟与暗沟相结合，尽量减少直角，上水管道直径为 4 cm，下水管道直径是上水管道的 5 倍。

咖啡、茶吧

规模：50 ～ 400 ㎡。

建筑结构要求：层高不低于 2.8m，电力按 10kw/100㎡ 配置，有自来水供应。

美容院

规模：300 ㎡左右。

建筑结构要求：层高不低于 2.8m，电力按 10kw/100㎡ 配置，配备上下水（冷、热水）。

区域界定

　　本项目位于市中区，地处济宁市西南部，脱离太白老商业街中心，属未来城市规划的中心区。

　　项目东临南池公园，南临铁路，西临公务员小区及回迁安置房，北临一中分校，东南侧为规划中的宝龙城市广场。

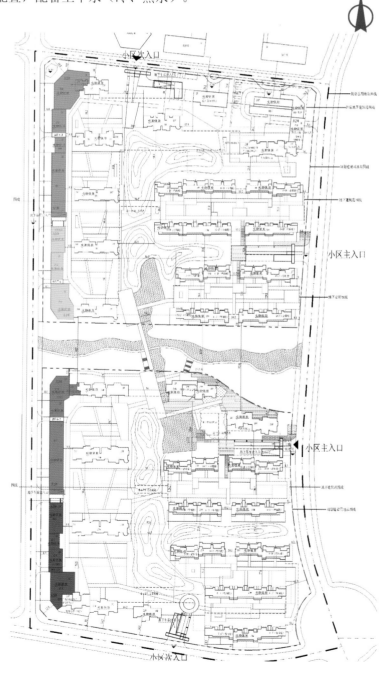

建筑设计方案层数及建筑面积：

■ 北区 A 段	2 层局部 3 层
■ 北区 B 段	2 层局部 3 层
■ 南区 A 段	2 层局部 3 层
■ 南区 B 段	2 层局部 3 层

设计总面积约合：18000 ㎡

济宁鲁商瑶院商业街建筑设计效果图

济宁鲁商瑶院商业街建筑设计效果图

济宁鲁商瑶院商业街建筑设计效果图

济宁鲁商瑶院商业街建筑设计效果图

济宁鲁商瑶院商业街建筑设计效果图

哈尔滨市城乡规划展览馆建筑设计

黑龙江省哈尔滨市

设计依据

1. 设计致力于打造新时期哈尔滨标志性展览建筑新形象。在尊重原有建筑结构的基础上，分析可行性构造条件、充分结合展馆内部空间功能分区、考虑外部空间环境及城市规划法规，以哈尔滨建筑文化为底蕴，对其历史建筑精华元素进行深入的梳理，寻找城市建筑表现新原则，探索和研究具有哈尔滨城市气质的新突破口，创作符合新形势下的现代标志建筑元素。

2. 在构思哈尔滨城乡规划展览馆的外立面设计表现中，有机地运用多种建筑元素重组、分类，尊重结构体，用水系空间巧妙梳理建筑外部与景观，合理设置绿色植物，调整新建筑与周边群体关系，利用加法来强调展览馆建筑整体风格的视觉美，构建公共文化建筑特征。

3. 在建筑造型设计上强调竖向节奏，表现光影空间的城市建筑表情，通过强调建筑正门气质、墙面开口等虚实对比的节奏变化，注重细部处理塑造韵律，达到建筑整体构图上的协调统一，创造哈尔滨城乡规划展览馆建筑的严整、豪迈、恢弘的意趣和特有气质。

4. 设计强调塑造哈尔滨的城市环境中具有特色的文化设施新建筑形象，在提升城市环境整体视觉质量的同时，为哈尔滨量身打造城乡规划展览馆建筑形象，追求更高的现代化文明城市生活文化质量，展示出哈尔滨这座现代文明城市的新时代城市精神。

主要建筑材料

1. 新增构造体为钢筋混凝土框架。
2. 整体建筑饰面表皮为黄金麻花岗石材，材质及价位合理。
3. 考虑到北方城市特点，景观、水系及池底使用自然石以便于冬季维护。

哈尔滨市城乡规划展览馆建筑设计效果图

北京银行长安支行建筑改造设计

北京市西长安街复兴门

王铁艺术馆建筑设计

北戴河区联峰路

武清大厦建筑设计

天津武清县

武清大厦建筑设计效果图

武清大厦建筑设计立面图

山西大学图书馆建筑景观室内综合设计

山西太原市坞城路

一、探讨研究

1. 山西大学区域现状

山西大学是省政府命名的"园林化单位"和"绿色校园"。花园式学府：林荫遮道、花草围楼、三季有花、四季常青。

北校区：以传统格局为主；南校区：以现代建筑为主。

有建校初期中西汇通的建筑，有建校中期的仿苏联式建筑，更有近期反映时代潮流的新建筑。

老教学主楼、体育馆、物理教学大楼和十几幢二三层学生公寓等为新中国成立初期建筑。特点多为宏大、坚实、稳重的外观，层数不高，墙厚层高，结构粗大，灰色外墙。

新建筑代表有科技大楼、图书馆和文科大楼。建筑物整体色调轻快，裙楼中央兀立起挺高的主楼。内部结构更具人性化，有了更多的共享空间，工艺和材料的使用更具现代化。楼前广场开阔，缺乏景观层次。

艺术大楼和万人学生餐厅、学生公寓区，占地面积大，层数都不高但规模宏大，内部结构更趋合理。整体外观色泽活泼大方。

2. 图书馆发展和精神特质

中国殷商时期专门用以存放甲骨文献的窑穴，被认为是中国图书馆、档案馆的雏形。两汉时专门收藏典籍的皇家藏书楼（如东观、石渠阁）的建筑已初具规模。其后著名的皇家藏书楼有隋代的观文殿、唐代的崇文馆、宋代的集贤馆、元代的艺林库、清代的故宫文渊阁等。宋代以后，私人藏书楼建造日盛，有明代范钦的天一阁、清代钱谦益的绛云楼、瞿镛的铁琴铜剑楼等。

20世纪初，西方固定功能的图书馆建筑模式传入中国。图书馆功能由以文献收藏为主转变为文献保存、传播和利用并举，因而建筑内部空间相应形成了藏、借、阅、文献整理加工4类空间，藏、借、阅三段式组合布局形制。到了1970年代，由于独立的和设在阅览室中的辅助书库已经普及，形成了局部的藏阅合一空间。1980年代，一些图书馆吸收国外模数式图书馆建筑设计的优点，书库趋于开放，层高、柱网和载荷趋于统一。一些中小型馆甚至取消了在建筑结构上独立的基本书库，将书库空间按照阅览室的空间要求设计建造。

目前，大多数的图书馆都处在从传统图书馆向数字图书馆过渡的阶段，即自动化图书馆和混合图书馆阶段，统称为转型期图书馆。适应图书馆管理服务方式的变革，高校图书馆正处于由封闭型向开放型过渡，由传统型向现代型过渡的转轨时期。

3. 中国古代书院与藏书楼建筑

书院及藏书

书院是中国封建社会特有的一种教育组织和学术研究机构。从唐中叶至清末，它对中国古代教育、学术的发展和人才的培养，都产生过重要的影响。

书院的名称始于唐代，最初是官方修书校书和藏书的场所，盛于宋代。后书院制度随着封建制度的迅速崩溃慢慢解体。光绪二十七年（1901年），将书院改设为学堂，所有书院藏书便陆续为各地图书馆所接收。

藏书楼建筑

书院藏书是书院的有机组成部分，它随着书院的发展而发展，在我国图书馆史和文化史上占有重要的地位。

书院建筑一般具有的三个特点：院址多选山林名胜之地；建筑由讲学、藏书和供礼三部分组成；多有名人学者碑刻。

古代文人多强调社会实用功能的美学思想。书院建筑朴实庄重，典雅大方。一般外部显露其清水山墙，灰白相间，虚实对比，清新明快；内部显露其清水构架，装修简洁，素雅大方。远观其势，近取其质。既无官式画栋雕梁之华，也少民间堆塑造作之俗，给人自然淡雅的感受。

4. 高校图书馆建筑特点

学校的标志性文化建筑

高校图书馆作为学校的三大支柱之一，是为教学、科研提供文献信息服务的学术机构，是学校文化教育发展水平的标志。必须是学校的一座标志性文化建筑：有吸引读者的外观和丰富的文化内涵。

师生学习研究和开展文化交流活动的重要场所

高校图书馆是学校知识交流、信息交流和学术交流的中心。图书馆利用率很高，除了借书、阅览，读者还要在这里进行讲座、报告、演出等各种活动。功能用房设置充分全面；还要注意周边环境的美化和内部结构的布局，营造出优美的内外部环境，体现浓厚的学术氛围和书香气息，把高校图书馆建成读者学习研究，开展文化交流的重要场所。

多种功能组合的综合性建筑

图书馆已远远超出了"藏书"和"借阅"及相应的"内部业务"这三大传统功能。图书馆的藏书已从单一印刷型变为多媒介型；读者阅读研究也增加了各种新的形式；图书馆建筑的功能变得越来越多样，使用的机器设备越来越复杂，从而成为多功能的综合性的建筑系统。

"可塑性"建筑

图书馆是一个不断发展着的有机体，由于藏书、读者、工作人员的增加，管理思想和管理方法的变化，以及社会经济、技术条件的进步，图书馆设备的改进与新技术的应用，内部空间能变换其使用功能，可加以适当地改建、扩建。

5. 山西大学多功能图书馆的功能定位

山西人文底蕴，三晋气质风貌，山大时代精神，创新科技魅力。

立足现有场地条件，保护园区环境特点，尊重学校历史文脉，适应时代发展变迁，前沿系统设计观念。

全面规划和完善使用功能，追求高校图书馆建筑特点与现代实用技术的高度和谐、全新平衡，突出环境的历史、人文属性和自然、生态特征。构建宜人、生动、具有品位的校园育人环境，塑造能支持大学综合教学与研究的多功能活动理想场所，建树完美展现山西大学综合教学实力的标志性形象，成为学校教学研究活动迅速发展的推动器。

体现高校建筑性格特点，既有一定的标志性和象征性，又有恰当而含蓄的"书卷"气质。通过内部空间流动、变幻的组织，以及整体色调的把握，进一步强调其独有的建筑个性。

通过设计强化阅览功能、会议功能、交往功能、信息化功能。提供模块化空间，方便使用要求的灵活调整，并将学术会议、报告厅部分单独分区设置，方便使用和管理；为学生的学习、交往提供人性化的场所，强调图书馆作为高校知识信息资源的核心作用。

功能合理

按大学图书馆环境下全面、合理、准确的使用要求设计，整体布局通行顺畅，借还、查阅方便舒适，经营管理高效，使用维护方便。

环境使用：为师生提供便利服务的阅览及多功能使用环境，是项目建设的根本目的，也是项目设计的首要任务。快捷、方便、舒适、安全的图书馆，可最大限度地吸引客流，提高运行效益。

管理效率：不仅关系到图书查阅的流通速度、馆室的使用效率，还可以减少资源的浪费、降低费用成本。

设计人流合理顺畅的交通流线、导引标识和安全便利的通行环境，必然会提高实际功效。

运行维护：是今后费用成本中的一项主要开支，提供便利清洁、维护、修理、更换的基础，是设计必须考虑的环节。如构件、材料的标准化，减少品、类的复杂性，材料设备的易购性及易洁、易换性等。

经营设施：可以为图书馆提高服务水平开辟更为广阔的空间。为图书馆提供各类服务设施、经营空间，是设计规划的重要内容。根据各空间场所特点，在不影响使用功能的前提下，合理设置、分配服务及休闲设施，充分利用可用资源发挥实际效益。

技术要求：能源保障充足，空气质量达标，照明及环境高品质，适应未来发展灵活运用的空间。

以人为本

建筑形式：大开间、开放性，突破传统图书馆小面积分隔封闭的模式。读者直接接触文献；实现建筑资源的共享。除特定的珍贵文献外，其他文献应一律开架，实行藏、借、阅合一的服务模式。

服务理念：方便读者，为读者服务。总体布局、建筑造型、空间组织、流线安排及设备安装、家具布置、细节处理，充分考虑读者的意愿与习惯，最大限度方便读者活动。阅览环境光线充足、空气流通、环境安静、气氛亲切。

管理模式：建筑布局科学合理，有利于人力资源的有效使用与工作安排，充分调动管理潜力，为实现图书馆所追求的职能目标发挥效力、奠定坚实的基础。

生动和谐

建筑造型：建筑的外形、色彩、材质等要与校园环境及内在气质相协调，内外空间及装饰设计、布置要与图书馆的性质相协调，与读者的阅读心理与情趣相协调。

景观环境：重视环境设计的品位，内外和谐、高雅、宁静、大方，引人入胜，富于感染力，给读者以美的享受。

节能环保

准确定位：在保证基本安全、使用功能的同时，以经济耐用、方便管理、有利经营、维护简易、施工便利、系统协调和预留发展的设计，达到削减投资费用，降低运营成本，优化寿命周期与费用的关系（提高投资效用比），通过节能、环保、耐用、易洁、易维护等要求的实现，达到实用、经济和可持续发展的目标。

减少浪费：提高空间有效使用面积，各部分交通简捷流畅，读者查阅方便，工作人员劳动强度低、服务效率高。管理人力节约，降低维持费用，能源消耗低。

指标合理：经济指标和效率指标，单位造价，利用系数，藏书、阅览座位与面积、造价之比等。

模块设计：模数式，可组合变化，适应不同功能需求。

技术措施：自动照明控制系统、雨水收集系统、室内温度和空气湿度控制系统、太阳能采集板、自然采光和通风的极限利用、可再利用材料的大量使用、符合国标的保温门窗。选材实用经济、耐久，尽可能采用标准化、本地化，可再利用，材料种类不宜太多。

适应发展

面对现实，立足长远：在统一规划、合理设计的基础上，根据轻重缓急，确定先后，综合平衡，使新建的图书馆造型完整统一，功能合理齐全，同时为将来的发展变化预留条件，提供方便。

空间灵活、可变、多用途：可适应形势的变化，空间可以重组，也可以根据需要进行分隔，有利于使各种资源发挥更大效益。

现代先进技术的应用：自动化、网络化、数字化和智能化。"适度技术"是符合国情、基本满足功能需要的实用的先进技术。通过系统控制达到效率指标。

多元化、多层次共享的现代空间。应以社会需要为舞台，开展多种多样的科学文化活动，充分发挥文化展示和文化交流的作用。

符合规范

按照《图书馆建筑设计规范》的要求进行建筑设计，设计文件应符合中国现行有关法律、法规和相关的工程设计技术规范、规定及标准。涉及消防、人防、环境保护、节能、抗震等。

设备设施应满足文献资料防护标准：如温度、湿度控制及防水、防污染，防日光和紫外线照射，防磁、防静电， 防虫、防鼠等。

选用的材料、设施、家具、软织物及构配件，其质量要求必须符合中国国家规范、标准提出的要求。

二、综合检索

1. 主题概念

从山西大学多功能图书馆的建设用地位置及其建筑的重要性来看，需要诞生这样一个概念，象征学院形象与精神的重地，校园整体环境的"支点"。山与水的视点建筑外形在整合内部功能需求的基础上，视觉形态表达传递着"书山"信息；"水"的概念则隐喻：书籍是求知求学的源泉——"源远流长"，书本知识需长年的点滴积累——"积流汇海"。

2. 场地特点

山西大学多功能图书馆建设地点位于太原市小店区坞城南路山西大学校园内西南，总占地面积约11025m²，地势平缓，交通便利，环境优越，位置理想。场地西边校园墙外的城区主干道坞城南路与市区南中环路相连通，东侧为校园主路，北邻游泳馆及教学楼，南侧为规划建设的附属小学教学楼。项目建成后将与近邻组合为一体，形成区域内较大的文化建筑集群，为山西大学园区内的人文景观增添富有浓郁文化及时代气息的点睛之作，并成为校园内最重要的教学研究活动中心之一。

三、建筑总体设计说明

1. 城市环境

太原位于山西省境中央，太原盆地的北端，华北地区黄河流域中部，平均海拔约800m，属于暖温带大陆性季风气候类型。冬无严寒，夏无酷暑，昼夜温差较大，无霜期较长，日照充足，光能热量比较丰富。同时，受西风环流的控制及较高的太阳辐射的影响，又使其气候干燥，降雨偏少，昼夜温差大。

气象条件
年平均气温：9 ～ 11℃
最高气温：39.4℃
最低气温：-25.5℃
最大冻深：77cm
最大积雪深度：17cm

无霜期：140 ～ 190 天

结冰期：120 天左右

年平均地面温度：9.3 ～ 12.8℃

年平均降水量：420 ～ 457mm

相对湿度：51% ～ 72%

风向

主导风向：北偏西

年平均风速：2.0 ～ 2.4m/s

地质条件

建筑地点地质条件暂无具体资料，设计时以岩土工程勘察报告为准。

其他

风压值：0.40kn/m² （50 年一遇）

雪压值：0.35kn/m² （50 年一遇）

地震烈度：8 度

建设条件

(1) 建设地点周围的交通条件

(2) 水电增容条件

(3) 采暖条件

(4) 排污条件

(5) 燃气条件

(6) 通信外网条件

2. 建筑设计说明

总体布局

平面布置：结合园区环境布局，出入使用方便，有利管理。

功能分区明确，有序设置藏书、借书、阅览、出纳、检索、公共及辅助空间和行政办公、业务及技术设备用房区域。

入口大厅设为集多功能活动为一体的共享空间，公共性、气派。

交通组织：与管理方式和服务手段相适应，合理安排采编、收藏、外借、阅览之间的运行路线，使读者、管理人员和书刊运送路线便捷畅通，互不干扰。

主入口沿校区南北向干道在东侧二层以大型礼仪台阶式设置，管理人员和书刊运送在一层东北侧出入，报告厅由北边二层独立进出。道路走向便于人员进出、图书运送、装卸和消防疏散。

电梯设置一部货梯，三部客梯。交通便捷、疏散达标，动线设置宜距离短、便利、快捷地到达各功能空间。

注意交通核的通畅性及合理又快捷的路线。

防火消防疏散楼梯通道按规范要求设计布置。

各层设置：按管理、服务功能需求设置。

地下层：设备机房。

首层：基本书库，古籍图书阅览室，消防控制室，变配电机房，设备机房。

二层：公共大厅，微机目录检索，自然科学图书阅览室，社科图书阅览室，馆藏、碑拓。

展厅，采编用房，装订装裱室及办公室，报告厅。

三层：现期报刊阅览室，文献检索室，文献检索自习室，光盘库，多功能房。

四层：电子阅览室，过期报刊储存库，展厅。

五层：样本图书阅览室，山西地方文献中心。

六层：会议室、研究讨论室、计算机管理中心、办公室。

建筑空间

传承创新：从传统建筑精华中启迪创意，借鉴民居、藏书楼建筑空间组合形式，演绎现代书馆环境的人性需求。共享、有序、清新、自然。儒雅大方中不失宜人秉性。

人文禀赋：内外庭院，灵活共享。尺度和谐，材质相宜，空间共通，易建好用。

舒适节能：结构分合，材料拼接，阳光巧借，风流运导，空间舒展有度，环境动静相宜。以简约的建构，达致理想的情境。

建筑形象

主题形象鲜明，环境和谐生动。

形态蕴含古典风情，架构彰显时代特征。源流韵致传承：传统合院、藏书楼内庭、迭层窑居、西洋遗韵，古风典雅，现代智慧赋予。大开间、广进深、模块化，材料技术使用，时尚清新。

室内空间

空间设计符合功能需要，环境舒适明快，装修典雅、简约、体现文人气质，装饰古今融合，材料形式相宜，空间开放共享，隔断灵活可变，尺度自然宜人，行止熨帖身心。

阅览区：光线充足，照度均匀，环境静谧柔和。

休息区：分区、散点布置，简约舒适。

景观绿化：结合区域、廊道设计，情韵自然。

在适当的空间、墙面或廊道、点位，结合环境特点、空间序列、景观绿化，设置、摆设以"读书"、"励志"为主题的史、事、人、文、诗、画，全面体验、深入感悟文化神韵及精神境界，并在往来活动的空间里欣赏到与书籍、校园文化密切联系、有序、别致的独特景观。

建筑结构、设备、电气及综合布线等专业的设计，在实用、先进、节能等技术方面发挥着重要的作用。通过各专业"先进合理、经济实用"协调统筹的系统设计，使"山与水的传承"

主题在建筑中得以完美体现，并实现功能要求及经济技术指标的重要环节。

结构专业

设计依据：国家及地方现行的规范规程和标准（及强制性条文）。主要设计规范规程如下：

《建筑结构荷载规范》　GB 50009-2001

《混凝土结构设计规范》　GB 50010-2002

《建筑抗震设计规范》　GB 50011-2001

《建筑地基基础设计规范》　GB 50007-2002

《钢结构设计规范》　GB 50017-2003

结构设计：

本项目位于山西省太原市，该地区建筑抗震设防烈度为 8 度，设计基本地震加速度值为 0.20g。设计地震分组为第一组。建筑的基本风压为 0.40kn/m²（50 年一遇），基本雪压为 0.35kN/m²（50 年一遇）。

本方案设计建筑立面造型及内部功能较为复杂，建筑物最大层数为六层，建筑高度 27.90m，局部 31.50m。建筑物抗震设防类别为丙类，抗震等级二级。

结构类型采用框架－剪力墙为主的结构体系，框架部分主要柱网为 8.0m×8.0m，剪力墙部分主要由建筑物内上下贯通的楼、电梯周围的墙体组成；因特殊功能要求，图书馆内部多数楼面活荷载较大，故楼板拟采用框架扁梁体系，有效节约内部结构空间，顶层屋面局部大跨度处可采用钢结构体系；基础部分根据后续的地质勘察报告再定。

暖通专业

设计依据：《采暖通风及空气调节设计规范》　GB 50019-2003

《全国民用建筑工程设计技术措施》（暖通空调，动力）

《建筑设计防火规范》　GB 50016-2006

《公共建筑节能设计标准》　GB 50189-2005

《图书馆建筑设计规范》　JGJ 38-99

设计内容：本工程新建建筑的采暖、通风及空调设计

采暖设计

采暖室内设计参数：

阅览室 18 ℃、卫生间 16 ℃、设备用房 5 ℃、办公及会议 18 ℃、中庭 16 ℃。

采暖热媒为学校热力管网提供的热水 95 ～ 70℃热水供采暖系统使用。

校区热水管道自西侧引入，热力入口设置在制冷换热站内。

阅览室、卫生间、设备用房、办公、会议等房间采用散热器采暖，中庭采用低温地板辐射采暖系统。

卫生间采暖系统采用下分单管异程式系统；其他散热器采暖系统采用上供上回双管同程式

系统。

散热器采用经济实用的钢制柱式散热器；低温地板辐射采暖系统采用 PB 塑料管道。

空调设计

空调冷热源：

1）空调冷源选用三台水冷冷水机组，两台大机担负全楼空调负荷，一台小机担负基本书库及特藏书库的非工作时间的空调负荷。制冷机组设于制冷换热站内。

2）空调热源为学校热力管网提供的热水，经换热机组换热后得到 60～50℃热水供空调系统使用，换热机组设置在制冷换热站内。

3）空调热水温度为 60～50℃，空调冷冻水温度为 7～12℃。

4）对于光盘库采用两台互为备用的低温机组专供使用。

5）主机房设置一套独立的变流量直接蒸发式空调系统，保证其可 24 小时运行。

空调风系统：

1）基本书库、特藏书库、报告厅及中庭均采用全空气空调系统，空气处理机组采用全热回收空气处理机组。基本书库、特藏书库的气流组织均为散流器顶送顶回；报告厅采用旋流风口顶送，百叶风口侧下回；中庭采用侧送下回（分层空调）。

2）门厅、办公、阅览室：采用风机盘管加新风系统，新风机组设置在每层的新风机房内，新风与房间的排风经全热回收机组热交换后再进入新风机组。

3）风管采用镀锌钢板制作，风管保温采用铝箔超细玻璃棉管壳或板材。

空调水系统：

1）空调冷冻水：空气处理机组与风机盘管水管路通过分集水器分开设置，通过竖向管井送至各空调设备。空调冷热水泵分开设置，均放置于一层制冷换热站内。

2）空调水管：管径≥ DN50 采用无缝钢管，管径＜ DN50 采用焊接钢管，均焊接连接。

3）空调水管保温采用橡塑保温管壳。当管径＜ DN50 时，厚度 30mm；管径≥ DN50 厚度 35mm。

通风与防排烟

全空气空调系统均采用双风机，过渡季可采用全新风直接送至室内消除室内负荷。

办公阅览室等房间设置机械排风系统，并与新风通过全热回收机组热交换后排至室外。

超过 20m 的内走道设置机械排烟系统；面积超过 200m² 的无自然排烟条件的房间设置机械排烟系统。

公共卫生间及设备用房设置机械排风系统。

中庭在屋顶设置机械排风兼排烟系统，平时排风，消防排烟。

报告厅利用空调排风系统兼作消防排烟。

对于设置气体灭火系统的房间设置事故通风系统。

防火

通风与空调系统中的管道、阀件、保温材料均采用非燃烧材料制作。

通风与空调系统的风管在下列部位均设置防火阀：

1）穿越防火分区的隔墙。通风管道进出书库的隔墙处。

2）穿越通风空调机房及重要的或火灾危险性大的房间隔墙和楼板处。

3）垂直风管与每层水平风管交接处的水平管段上。

环境保护及节能

空调通风节能措施：

1）全空气系统采用双风机，空调风管按照过渡季节全新风设计；冬季当内区需供冷时，利用室外冷空气供冷。全空气系统的空调机组采用全热回收型组合式空气处理机组，冬夏季考虑新风与排风的全热回收。

2）风机盘管加新风空调系统的新风经全热交换器进行全热回收后再进入新风处理机组。

3）空调机组与风机盘管的空调水管道经分集水器分为两个环路。风机盘管水系统经立管每层设置一环路，每层水平管道采用同程式敷设，每层回水总管设置静态平衡阀，每套立管的回水总管设置静态平衡阀。

4）空调风管保温材料采用铝箔超细玻璃棉管壳或板材。其热阻＞ 0.74㎡·K/W。

5）冷源选用的三台水冷式冷水机组。考虑各房间使用时间不能同步，以满足各种使用情况的需求，保证至少一台制冷机在高负荷率状况下运行。设备选用时，应保证冷水机组的性能系数及综合部分性能系数。

6）组合式空气处理机组的新风、回风、排风管上设置电动风阀，根据室外空气的焓值变化调整风阀开度，以达到变新风比控制。

7）风机盘管设置电磁阀及三速开关。

8）中庭部分采用地板低温辐射采暖系统，具有热舒适性好及节能的优点。空调通风系统的控制。

9）空调冷冻水系统采用变水量系统，可以降低空调系统的能耗。

给排水专业

设计依据：《建筑给水排水设计规范》 GB 50015-2003

《高层民用建筑防火设计规范》 GB 50045-95（2005 年版）

《建筑灭火器配置设计规范》 GB 50140-2005

《自动喷水灭火系统设计规范》 GB 50084-2001（2005 年版）

甲方提出的设计要求及本公司其他专业所提资料

给水系统：

水源由校园给水管网供水。首层设备用房设有一个生活水箱，其容积为 20m³ 。

水量 80m³/d。

给水方式与系统分区：

1) 给水方式：由于校园给水管网供水压力不能完全满足本建筑的要求，故供水采用校园给水管网直接供水和变频调速给水装置供水二种方式。

2) 给水系统竖向分区：给水系统共分两个区。一区为地上二层，由校园管网直接供水。二区为地上三层至六层，由变频调速供水。

计量：本单体设水表计量。

消防系统

消防水量：

1) 室内消防水量：20L/s

2) 室外消防水量：20L/s

3) 自喷水量：30L/s

室外消防系统：

室外设地下式消火栓，室外消防管线环状布置。

室内消火栓系统：

室内消火栓用水量 20L/s，火灾延续时间按 2h 计。系统设 2 座室外地下式水泵接合器。

火灾前期 10min 灭火用水由屋顶水箱间内消防水箱提供，消防水箱储水量为 18m³，消防水箱与喷淋系统共用。

消防泵房及水池：

在图书馆首层设消防水池及消防水泵房。消防水池有效容积 400m³，储存消火栓及喷淋系统消防用水。消防水泵房值班室内设消防专线电话。

灭火设备：

本建筑全方位设置自动灭火系统。

1) 自动喷水灭火系统：除局部地方设气体灭火系统外，其余地方根据规范设置闭式自动喷水灭火系统，按中危险级 II 级设计，消防用水量 30L/s，火灾延续时间按 1h 计。消防水泵房设自动喷水灭火泵 2 台，1 用 1 备。设 2 座室外地下式水泵接合器。

2) 气体灭火系统：本建筑内特藏库及主机房设气体灭火系统。

灭火器布置：本建筑全方位设灭火器保护，按 A 类火灾严重危险级设计。

循环冷却水系统

本建筑设空调循环冷却水系统。冷却塔设在屋顶，与冷水机组一一对应。

循环水泵设在制冷机房内。

排水系统

排水量：本建筑生活污水最高日排水量为 $72m^3/d$。

排水系统：本建筑排水污废分流，采用设专用透气管透气。粪便污水经化粪池后与生活废水一道排入区域排水管道。

雨水系统

降雨强度：设计重现期 P=10a，q5=4.32L/s·$100m^2$。

屋面设置溢流口，溢流与管道系统总排水能力不小于 50a。

节能节水与环保

空调冷却水循环使用。选用节水型卫生洁具和配件。

所有水泵均设隔震基础，进出水管上设减震、消声软接头。

冷却塔超低噪声型产品。

电气专业

设计依据：

　　甲方设计条件计技术要求

　　《建筑照明设计标准》 GB 50034-2004

　　《建筑物防雷设计规范》 GB 50057-94（2000 年版）

　　《供配电系统设计规范》 GB 50052-95

　　《低压配电设计规范》 GB 50054-95

　　《10kV 及以下变电所设计规范》 GB 50053-94

　　《民用建筑电气设计规范》 JBJ 16-2008

　　《高层民用建筑设计防火规范》 GB 50045-95（2005 年版）

　　《公共建筑节能设计标准》 GB 50189-2005

　　《图书馆建筑设计规范》 GBJ 38-99

　　《火灾自动报警系统设计规范》 GB 50116-98

　　《智能建筑设计标准》 GB/T 50314-2006

　　《综合布线系统工程设计规范》 GB 50311-2007

　　《安全防范工程技术规范》 GB 50348-2004

　　《视频安防监控系统工程设计规范》 GB 50395-2007

　　《出入口控制系统工程设计规范》 GB 50396-2007

设计范围：

　　变配电和照明系统、防雷接地系统、火灾自动报警及消防联动系统、安防系统、办公和管理自动化系统、综合布线系统、楼宇控制系统、有线电视系统、广播系统。

供电系统

建筑物内用电负荷等级：二级。

电源：2 路独立 10kV 电源。

负荷计算：采用单位面积法计算有功功率为 2450kW，采用变电所内集中补偿使功率因数达到 0.9 后视在功率为 2730kVA。

一层设变配电所，内设 10kV 开关柜 10 台（直流操作）、1600kVA 干式变压器 2 台（负荷率 85%）、低压配电柜 20 台（其中含电容补偿柜）。

计量：高供高计，设峰谷计量和动力子表，并预留远方电能采集接口，低压表计采用带通信接口的综合智能表。

配电系统

建筑内配电采用放射和树干式相结合的配电方式。

重要的消防和人防负荷如火灾自动报警系统、消防水泵和风机、生活水泵、电梯、计算机管理和网络系统、安防系统、通信系统等负荷均由引自不同母线段的两路电源供电并末端自投方式，且其电源均为直接引自变配电室低压母线的独立回路，并不得接入与消防无关的负荷。

应急照明和值班负荷由引自不同母线段的两路电源供电。

各层空调负荷由竖井内动力配电母线供电。

各层普通照明由电气竖井内照明母线供电。

照明系统

阅览室和办公照度按 300Lx 设计，会议、陈列室、目录室、视听室等按 150Lx 设计，电子阅览室按 100Lx 设计，书库按 50Lx 设计。

在公共区域和书库设置应急照明和疏散指示，在重要场所和主要出入口及通道设置值班照明，教师阅览桌设置局部照明。

所有照明均选用节能灯具，其中阅览室、办公室、书库等采用配电子整流器得三基 T5 和 T8 荧光灯。

书库和大空间阅览室照明采用分区或分架控制，书架行道灯采用双控开关控制。

消防出口和疏散指示灯自带 30min 蓄电池，阅览室等公共场所和疏散通道上的应急灯采用双控开关可在火灾时强制点亮。

防雷接地系统

建筑物预计雷击次数为 0.0685 次 /a，为第二类防雷建筑。

建筑物顶设避雷带和避雷网格做接闪器、周边结构柱内主钢筋做引下线、地下基础内主钢筋做接地极，将接闪器、引下线和接地极可靠连接组成防雷接地系统。

防雷、配电和弱电等系统采用联合接地系统，接地电阻不大于 1Ω。

火灾自动报警及消防联动系统

本建筑为二级保护对象，采用整体保护方式，集中报警控制系统，消防控制室设在一层。

在除卫生间、水泵间、水箱间和楼梯间以外的所有场所设置火灾探测器，其中典籍库、密集库、计算机主机房采用微烟线式探测器，公共场所设置手动报警按钮、消防广播，在典籍库、计算机主机房等不能使用水灭火的场所设置气体灭火装置。

消防联动：消火栓系统、自动喷洒系统、气体灭火系统、排烟系统、防火卷帘和挡烟垂壁、照明和应急照明系统、配电系统、电梯等。

安防系统

主控制设备和监视设备设在消防控制室。

在书库、开架阅览室、电梯厅、主要走道及公共场所、建筑物对外出入口内外、重要机房等处设置电视监控，特别重要的防盗场所设置双监探头、报警按钮及声光报警装置。

门禁系统与电视监控系统联动。

广播系统

建筑内背景音乐系统兼做公众广播和消防广播，主机安装在消防控制室办公和管理自动化系统。

该系统包含图书馆业务的自动化、办公自动化、通信自动化、监控管理自动化、读者服务自动化、信息发布等内容。

图书馆管理系统：包含计划子系统、财务子系统、人事子系统、后勤子系统等作为后台办公管理。

信息系统：包含图书采编，图书编目，图书检索查询、图书流通（借，还书）、公众信息等子系统。

网络通信系统：包含馆内局域网和通信并为校园网子系统，其中电话用户为校电话交换站用户，在所有公共场所设置无线通信网络。

主机房及辅助机房设置在六层，其电源由引自变电所的两路独立回路提供并配置 UPS，系统供电方式为集中和就地结合。

综合布线系统为其提供物理平台。

综合布线系统

主配线设备设在六层主机房，采用逐层管理方式，每层设子配线设。

楼宇控制系统

对建筑内空调、通风、给水、配电照明的设备进行自动控制，控制方式为集散式，主控设备设在消防控制室。

经济指标和投资估算

主要经济技术指标

  总用地面积：11025m²

  总建筑面积：34510m²

  总占地面积：8825m²

  图书馆建筑面积：33360m²

  报告厅建筑面积：1150m²

  容积率：3.12

投资估算

  编制说明：

  1）本工程估算根据投标设计方案图纸，参照类似工程进行编制。

  2）本工程建筑面积由设计人员提供。

  3）造价参照其他工程凭经验估算。

  4）本估算未包括室内装饰费用。

  5）本工程由于资料提供的不够详细，估算造价仅作参考，以扩出设计概算造价为准。

  投资估算：

  1）总建筑面积：34510m²。

  2）本工程总投资：15354.97万元。详列表。

建筑面积 34510m²

序号	名称	投资额（万元）	指标（元/m²）
一	工程费用		
1	土建工程	8282.4	2400
2	给排水工程	552.16	160
3	采暖通风空调工程	1483.93	430
4	电气工程	2346.68	680
5	小计	12665.17	3670
二	工程建设其他费用		
1	勘察费	30.00	8.69
2	设计费	374.63	108.56
3	监理费	265.19	76.84
4	施工图审查费	11.04	3.2
5	竣工图编制费	29.97	8.68
6	基础设施配套费	345.1	100
7	建设单位管理费	162.6	47.12
8	工程保险费	38.00	11.01
9	招标代理服务费	37.21	10.78
10	小计	1293.73	374.89
三	预备费（10%）	1395.89	404.49
四	总投资	15354.79	4449.38

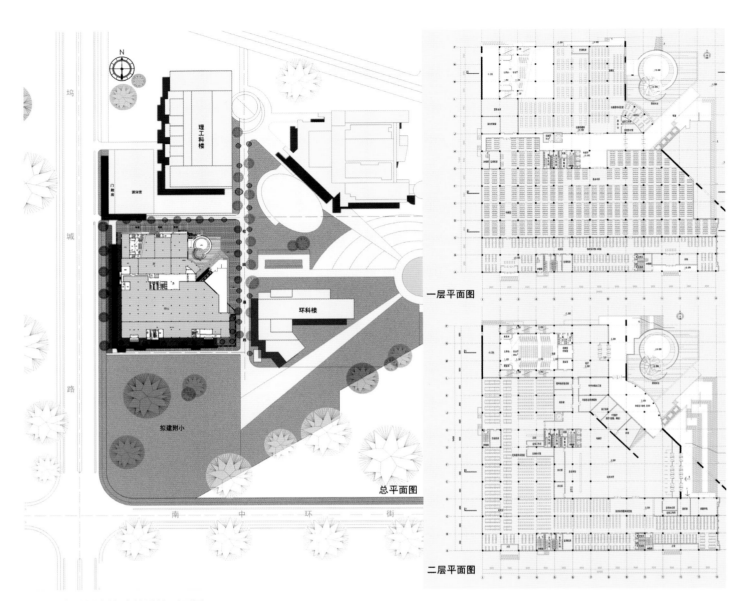

山西大学图书馆建筑设计平面图

总平面图

一层平面图

二层平面图

山西大学图书馆建筑设计立面图

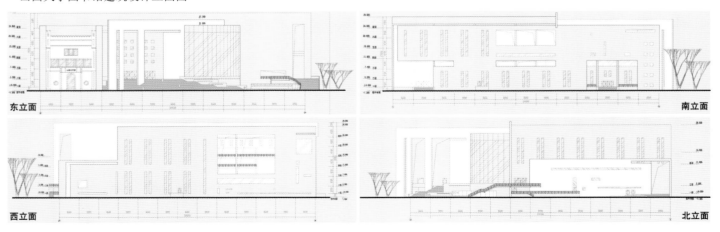

东立面

南立面

西立面

北立面

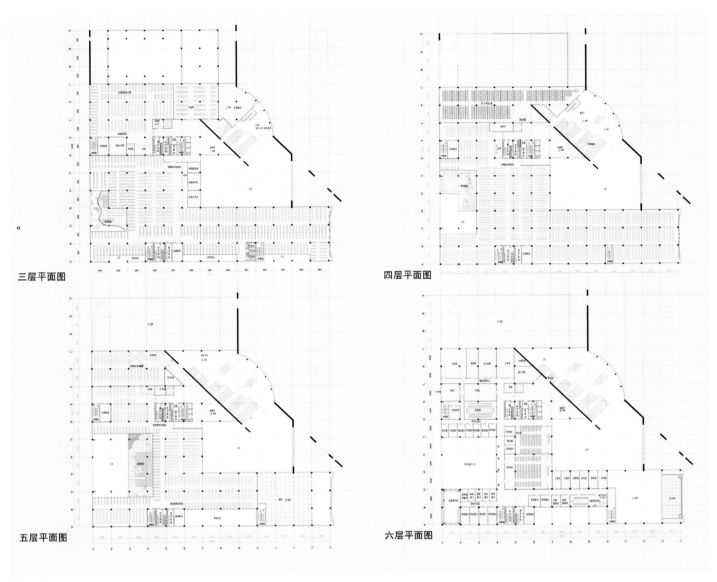

三层平面图

四层平面图

五层平面图

六层平面图

山西大学图书馆建筑设计平面图

山西大学图书馆建筑设计剖面图

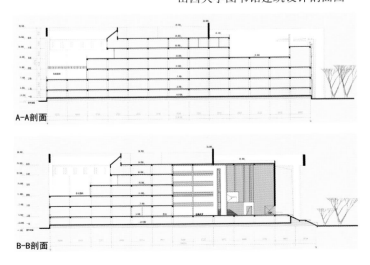

A-A剖面

B-B剖面

山西大学图书馆建筑设计效果图

山西大学图书馆学术报告厅室内设计效果图

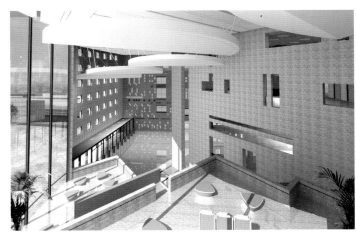

山西大学图书馆室内设计效果图

山西省榆次第一中学建筑景观综合设计

山西太原晋中市榆次区

工程项目概况

学校概况

　　山西省榆次第一中学校是一所有着半个多世纪历史的地方名校，是山西省首批重点中学之一，是晋中市直属的唯一一所完全中学，也是一所享誉三晋的具有窗口性、示范性的完全中学。

　　学校始建于 1952 年 7 月，其前身是榆次中学，1954 年迁至现校址。学校占地面积 14.27hm²，建筑面积 54163m²，主要建筑和设施有行政楼、综合电教实验大楼、教学楼、逸夫图书馆、学生食堂、学生公寓、塑胶田径场、网球场等。

　　建校 55 年来，历代一中人秉承"崇德、笃行"的良好校风，发扬"治学严谨、风格鲜明"的教师精神，咬定"山西一流、全国知名"这一办学总体目标，致力规范教学行为，全面提高教育质量，营造宽松、高品位的育人环境，为学生终身发展奠基，培养和造就了无数德才兼备的优秀人才。

　　榆次一中拥有一支业务精良、育人有方的优秀教师队伍。188 名专任教师中有特级教师 12 名、高级教师 57 名、国家级优秀教师 19 名、省级学科带头人、骨干教师、教学能手 55 人，并聘有外籍教师任教。

　　学校多次获得国家、省、市各种表彰和奖励，如"国家教育质量管理示范基地"、"国家奥林匹克教育示范学校"、"全国绿色学校创建活动先进学校"、"山西省民主管理先进学校"、"山西省文明学校"、"山西省特色学校"、"山西省德育示范学校"、"山西省省级绿色学校标兵"、"山西省体育传统项目学校"、"山西省治安示范单位"、"山西省现代教育技术实验学校"、"晋中市文明单位"等多种荣誉。

　　榆次一中不仅是莘莘学子放飞梦想的乐园，也是晋中市乃至全省教育界的一面旗帜。自强不息，厚德载物，与时俱进，积极进取！榆次一中正在以崭新的姿态，继往开来，改革创新，实践着由传统名校向时代名校的历史性跨越。

榆次第一中学鸟瞰图

设计依据及规模

　　山西省榆次第一中学是一所有着半个世纪历史的地方名校，属山西省首批重点中学之一，是晋中市唯一一所直属中学，面向晋中市 9 个县市招生。在晋中市乃至全省同类学校当中，榆次一中发挥着明显的示范、辐射和带动作用。学校多年来为社会输送了大批高素质的

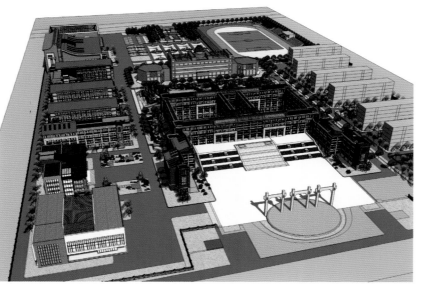

人才，为晋中经济建设提供了强大的智力支持和人才保证，是社会公认的一所优质高中，但目前该校教学环境较差。为打造一所具有时代特色的示范高中，晋中市政府决定利用当前国家扩大内需，支持基础设施建设的机会，对榆次一中校园进行总体改造。根据晋中市教育局对晋中市学校改造方案，榆次一中校园总体改造工程分二期建设。该项目的建设必将为榆次一中带来更大的发展机会，为学校的可持续发展奠定良好基础，也必将为晋中市科教兴市、人才强市战略作出重大贡献。

方案设计目的是对该项目建设的环境可行性作出综合分析，并对该项目提出合理可行的环保要求及以可持续性发展为前提，建造适合榆次一中当下和未来发展的教学空间，减少项目建设对环境和使用所造成的不利影响。

建设规模

现有规模：规划总用地面积136640m²；有班级58个，学生人数3060人，教职工人数246人。

拟建规模：项目在榆次一中现址进行改造，规划总用地面积136640m²，校园改造后预计班级增至60个，学生人数增至3160人，教职工246人。

工程内容

根据晋中市教育局对晋中市学校改造方案，榆次一中校园总体改造工程分二期建设，二期工程投资以最终决定的范围为准确定投资额。

具体工程内容如下表：

项目	建筑面积（m²）	结构及层数	备注
行政、教学、办公及阶梯教室综合楼	13000	框架结构局部五层	设计
艺术中心	4500	框架结构三层	设计
科技楼	4000	框架结构四层	设计
培训楼	4400	框架结构四层	设计
学生宿舍	4200	框架结构三层	设计
体育馆	6200	框架结构局部二层	设计
游泳馆	3200	框架结构局部二层	设计
学生食堂	3000	框架结构四层	设计
浴室	1300	框架结构二层	设计
实验综合楼（原有）	9218	原样保留，外观调整	—
总计	43800	—	不含实验综合楼

山西省榆次第一中学校设计定位

运用系统设计观念，立足现有场地条件，尊重学校历史文脉，保护园区环境特点，适应时代发展变迁。全面规划和完善使用功能，追求中等学校校园建筑特点与现代实用技术的高度和谐、全新平衡，突出环境与人文属性和自然生态特征。构建宜人、生动、具有品位的校园育人环境，塑造能支持榆次第一中学校综合教学与研究的多功能活动理想场所，完美展现山西省榆次第一中学校综合教学实力的标志性形象，成为学校教学活动迅速发展的推动器。

通过设计强化校园整体功能：教学楼、艺术中心、科技楼、培训楼、学生宿舍、体育馆、游泳馆、学生食堂、浴室、原有实验综合楼，信息化功能。提供模块化空间，方便使用要求的灵活调整，并将艺术中心、科技楼部分单独分区设置，便利使用和管理；为学生的学习、交往提供人性化的场所，强调艺术中心作为中等学校知识信息资源的核心作用。

从功能性、人性化、艺术性、节能性、适应性、规范性等方面系统设计。

功能合理

按榆次第一中学校校园整体环境规划，全面、合理、准确的按使用要求设计，从整体到布局通行顺畅，管理方便、高效，使用维护方便。

环境使用：快捷、方便、舒适、安全，为师生提供便利的服务，多功能使用环境最大限度地吸引芸芸学子、教师，提高使用效益。

管理效率：设计人流合理顺畅的交通流线、导引标识和安全便利的通行环境，提高校园的流通速度、使用效率，减少资源的浪费、降低费用成本。

运行维护：设计提供便利清洁、维护、修理、更换的基础，如构件、材料的标准化，减少品、类的复杂性，材料设备的易购性及易洁、易换性等，以减少费用成本。

经营设施：规划提供各类教学与服务设施，为校园整体提高管理水平开辟更为广阔的多项空间。在不影响使用功能的前提下，根据各空间场所特点合理设置、分配服务及休闲设施，充分利用可用资源发挥实际效益。

技术要求：能源保障充足，空气质量达标，照明及环境高品质，适应未来发展灵活运用的空间。

以人为本

建筑形式：突破传统小面积分隔封闭的模式，教学空间采用连廊、大开间、开放性结构、集中式卫生间，实现建筑资源、景观资源的共享。

服务理念：方便教师，为学生服务。总体布局、建筑造型、空间组织、流线安排及设备安装、细节处理，充分考虑学生的意愿与习惯，最大程度方便学生活动。教学环境光线充足、空气流通、环境安静、气氛亲切。

管理模式：建筑布局科学合理，有利于人力资源的有效使用与教学工作安排，充分调动管理潜力，为实现榆次第一中学校所追求的职能目标、发挥效益，奠定坚实的现代校园基础。

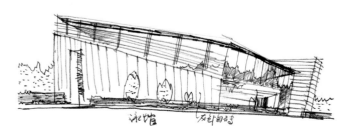

榆次第一中学设计构思草图

生动和谐

建筑造型：建筑的外形、色彩、材质等要与校园环境及内在气质相协调，内外空间及装饰设计、布置要与榆次第一中学校的性质相协调，与学生的读书钻研心理与情趣相协调。

景观环境：重视环境设计的品位、建筑品位，内外和谐，高雅、宁静、大方，引人入胜，富于感染力，给学生以美的享受。

节能环保

准确定位：在保证基本安全、使用功能的同时，以经济耐用、方便管理、维护简易、施工便利、系统协调和预留发展的设计，达到削减投资费用，降低运营成本，优化寿命周期与费用的关系（提高投资效用比），实现实用、经济和可持续发展的目标。

减少浪费：提高空间有效使用面积，各部分交通便捷流畅，学生使用方便，教师效率高。降低维持费用和能源消耗。

指标合理：经济指标和效率指标，单位造价，利用系数，面积、造价之比等。

模块设计：模数式，可组合变化，适应不同功能需求。

技术措施：自动照明控制系统、雨水收集系统、室内温度和空气湿度控制系统、太阳能采集板、自然采光和通风的极限利用、再利用材料的大量使用、符合国标的保温门窗。选材实用经济、耐久，尽可能采用标准化、本地化、可再利用，材料种类适度。

适应发展

面对现实，立足长远。在统一规划、合理设计的基础上，根据轻重缓急，确定先后、综合平衡，使现建的榆次第一中学校校园建筑造型完整统一，具有山西文化特色，合院功能合理齐全，同时为将来的发展变化预留条件，提供方便。

空间灵活、可变、多用途。可适应形势的变化，空间可以重组，也可以根据需要进行分隔，有利于使各种资源发挥更大效益。

应用现代先进技术。如自动化、网络化、数字化和智能化。"适度技术"是符合国情、基本满足功能需要的实用的先进技术。可以通过系统控制达到效率指标。

多元化、多层次共享的现代中等学校校园空间，应以社会需要为舞台，开展多种多样的科学文化活动，充分发挥教育文化展示和文化交流的作用。

符合规范

按照《中等学校建筑设计规范》的要求进行建筑设计，设计文件应符合中国现行有关法律、法规和相关的工程设计技术规范、规定及标准。涉及消防、人防、环境保护、节能、抗震

榆次第一中学设计构思草图

等范围。

设备设施应满足文献资料防护标准：如温度、湿度控制及防水、防污染，防日光和紫外线照射，防磁、防静电，防虫、防鼠等。

选用的材料、设施、家具及各种构件配件，其质量要求必须符合国家规范、标准提出的要求。

设计三原则和主题概念

设计三原则

1．综合分析山西榆次第一中学校历史、变迁，创建整体校园中心的新主体，表现整体校园统一中赋有特色的理念。

2．对山西榆次第一中学校周边环境进行多视点分析，找出最佳视点，表现山西榆次第一中学校校园的姿态与势态。

3．以功能为主，合理分布各层使用功能，科学连接各空间，灵活有序表现内外空间，为提升校园综合景观再添新意。努力塑造国内一流、山西名校。

主题概念

从山西榆次第一中学校的建设用地位置及其建筑的重要性来看，需要诞生这样一个概念，象征学校形象与精神的重地，校园整体环境的"支点"：山与水的视点。

教学楼建筑外形在整合内部功能需求的基础上，地面一层部分台阶下为阶梯教室，利用室外大台阶创造叠水景观环境，视觉形态表达传递着"书山"信息；"水"的概念则隐喻：书籍是求知求学的源泉——"源远流长"，书本知识需长年的点滴积累——"积流汇海"。

榆次第一中学教学主楼建筑设计效果图

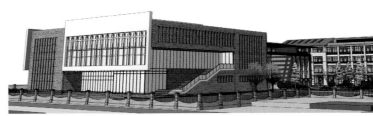

榆次第一中学建筑景观综合设计鸟瞰图

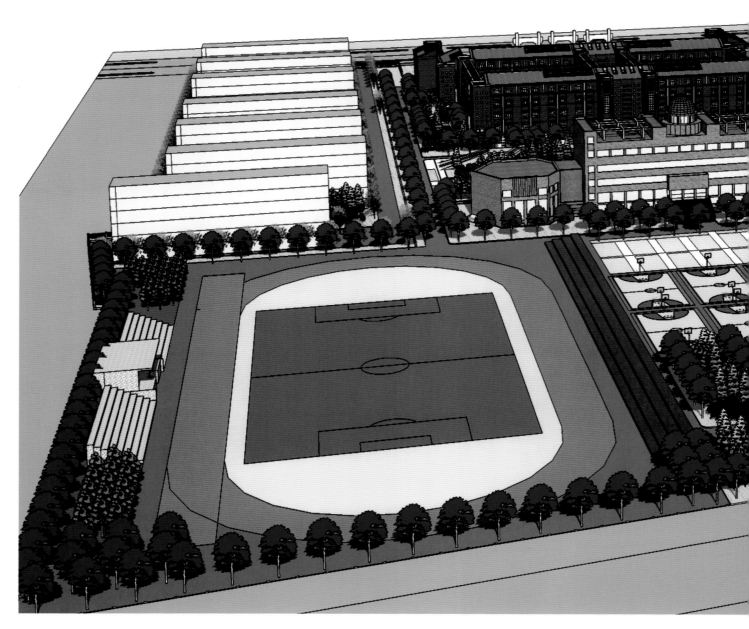

榆次第一中学建筑设计效果图

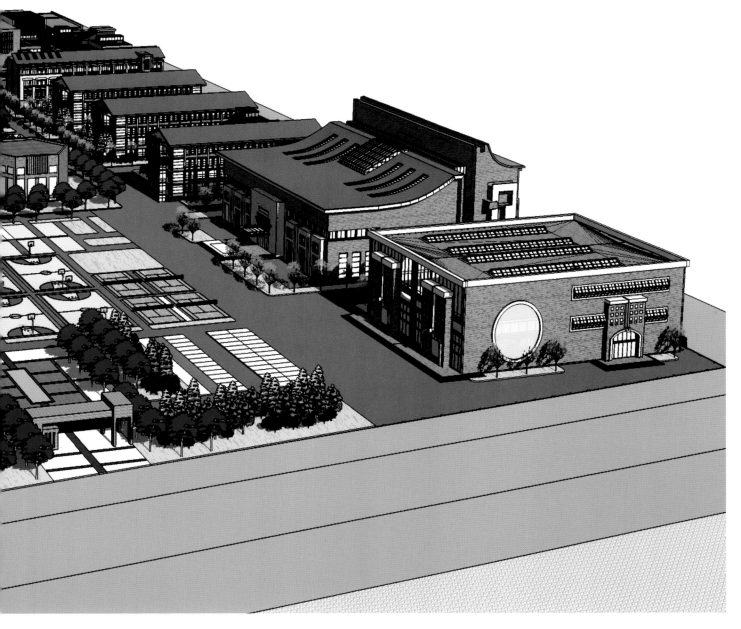

榆次第一中学建筑景观综合设计鸟瞰图

榆次第一中学科技楼建筑设计效果图

榆次第一中学教学楼中庭设计效果图

北戴河戴河一号住宅区规划设计

北戴河区海宁路北段

一、概述

北戴河海滨地处河北省秦皇岛市中心的西部，是秦皇岛的城市区之一。受海洋气候的影响，夏无酷暑，冬无严寒，常年保持一级大气质量，没有污染，没有噪声，城市森林覆盖率 54%，人均绿地 630 ㎡。这里气候宜人，二十里长、曲折平坦的沙质海滩，沙软潮平，背靠树木葱郁的联峰山，自然环境优美。与北京、天津、秦皇岛、兴城、葫芦岛构成一条黄金旅游带，北戴河处于旅游带的节点。北戴河海滨避暑区，西起戴河口，东至鹰角亭，东西长约 10km，南北宽约 1.5km。

此方案共有居住建筑总计 20 栋，其中中高建筑 4 栋，多层 14 栋。大门一个，社区用房一所。

二、建筑设计总说明

1. 设计依据

（1）《城市居住区规划设计规范》
（2）《住宅设计规范》
（3）《秦皇岛市城市总体规划》
（4）《北戴河区战略性城市设计》
（5）《北戴河区规划建设用地范围控制性详细规划》
（6）基地地形图

2. 现状概况及分析

拟建场地位于河北秦皇岛北戴河区，南邻秦皇岛市北戴河区政府，东临北戴河自然生态公园，西邻燕山大学体育场。基地东面临海宁北路，基地地势平坦，坡度在千分之二以下。

北戴河区受海洋气候的调节，夏无酷暑，冬无严寒，一年之中，日最高气温超过 30℃的天数，平均只有 7.6 天。夏季的气温比北京要低 3～7℃，再有阵阵海风吹拂，就更显得凉爽宜人了。冬季受渤海暖流的影响，最低气温很少低于零下 10℃。良好的气候为北戴河成为四季皆宜的旅游胜地提供了前提条件。北戴河区常年保持一级大气质量，只有花香，没有污染，没有噪声，城市森林覆盖率 54%，人均绿地 630㎡，居全国首列。

三、设计宗旨

绿色、人文、健康、自然为本设计的主题，力求创造一个园林式、环保型的充满活力的新型居住小区，规划设计有目的地为提倡积极健康的生活提供空间，强调大面积绿化对提高住宅小区环境质量及生活质量的作用。从建筑学的角度探索当代住宅建筑应该具备北戴河的时代风格和文化特征。

四、规划原则和总体构思

1. 规划原则

（1）从城市设计的宏观角度出发，设计出能代表城市新形象的居住小区。为市民提供一个布局合理、设施完善、生活方便、便于管理、环境优美的新型的居住小区。

（2）建筑总体布局、造型、色彩注重城市设计，充分考虑城市发展、历史文脉的影响及与周围地块的关系；本规划设计力求突破现存模式，以大容量、多层次、高素质的环境空间包装恰当面积的住宅单位，创建园林式、环保型的可持续发展的示范小区。

（3）注意处理各种建筑空间的有机组合、过渡，做到公共空间的开放性，个人空间的私密性。

（4）住宅群体布置避免建筑物之间的相互遮挡，满足住宅对日照、间距、自然采光、自然通风的要求；营造小区内组团绿化空间，使各户型的客厅和主人房有好的景观和朝向，做到户户有景，户户有良好的朝向。使住宅更加人性化和个性化。

（5）工程设计注重地方特色和文化特色，具有鲜明的时代感，注重园区的环境设计，营造一个环境优雅、舒适的居住空间。平面布置和室内空间力求规整、合理，使其适合现代的家居生活观念。

2. 总体构思

本规划设计旨在面向未来、面向大众，创造一个布局合理、配套齐全、环境优美的新型居住小区，将社会效益、经济效益、环境效益充分结合起来。

（1）通过设计丰富的住宅类型，富有现代气息而又不失北戴河历史人文精神的建筑立面造型，更好地契合了当今时代人们的需求，创造了新型现代化风格的居住小区。

（2）设计了流畅而经济实用的贯通式小区主道路系统，汽车在小区大门出入口直接驶入地下停车场，不进入小区内部。真正做到了"人车分流"，保证了小区内部人流的安全与便捷。小区路及宅间小路做到流畅且方便使用，满足人们对于小区内部的步行的要求。

五、总平面布置

1. 规划用地布局

本居住小区的规划用地以住宅用地为主。用地布局的分布主要为：住宅用地沿海宁路及小区主干道分布，绿化用地处于规划用地的周围。小区道路主要用于满足区内的交通和消防的需要，小区公共绿化包括小区中心公共绿化及半开放庭院绿化等。

2. 住宅布局

小区内住宅建筑根据地形和总体构图的条件，住宅都为近南北向布置，更有利于日照、采光和自然通风。建筑布置基本平行，南北通透，吸引换气降温的"穿堂风"，达到建筑节能的目的，响应国家号召建设资源节约型、环境友好型社会。

3. 规划路网布局

居住小区路网依据规划设计的原则要求，按照"人车分流"的方式，住户车辆直接从大门进入地下停车场，小区内道路仅供人行及消防车辆通行。

4. 空间组织及环境设计

居住区整体空间组织以居住区的公共绿地为中心，结合道路系统规划和建筑布局，组成不同类型、性质的空间层次，着力为居民提供一个绿色、健康、人文、自然的居住环境。在入口处，规划设计了起到引导人流作用的小片绿地，很好地突出了入口，形成了城市与小区之间的过渡性空间。进入小区后，首先展现的是小区内的景观，环岛交通分流节点中圆环形的绿地围绕着一池碧水，水面倒影架设其上的折线景观桥。在环岛一侧是小区内的公共绿地，通过低矮的挡土墙堆积起微微起伏的坡地。住宅建筑周围绿地环绕，形成了半公共性庭院绿地空间。

通过小区级道路，将区内的公共性空间与组团半公共性空间作出限定和划分：之后通过消防道及步行系统，进入小区组团，实现了由城市空间－过渡性空间－区内公共性空间－组团半私密性空间的演变。步行系统的空间组织及环境设计将区内半公共空间与区内的公共空间穿插在整个步行的过程之中，与空间演变相结合，展现了更为丰富的景观环境的变化。

六、道路交通

1. 对外交通及出入口

目前小区主要由海宁路通向市中心，是小区近期通向市区的主要通道。本小区共设有4个出入口，其中两个步行入口，两个地下车库出口，一个消防出入口。满足了小区居民的就近进出。

2. 道路系统及分级

小区道路分为三级：小区干道路宽4m，为方便小区居民的晨练、散步和出行要求；宅间路宽2～3m，满足了内部的一些日常出行。景观道路0.6～1.5m，造型多变，活泼生动，与周边环境及建筑很好地结合在一起。

3. 静态交通

为适应汽车交通的发展，静态交通也是规划的重点。小区居民总数为420户，根据需要，小区地下停车库共设置了停车位388个。地下停车库根据小区内部的总体规划，出入口分布在小区的3个车行出入口，车辆不进入小区内，而大部分的小区建筑电梯直通地下停车场，不影响小区居民在中心区域的生活和休闲，很好地契合了居住小区的设计要求。

七、绿地景观系统规划总体构思

结合整体布局与规划，本规划的绿化系统以步行绿化为主，几何的呈角线性绿化形式贯穿整个小区的绿化系统，构建了景观体系的基调，有机联系各组群绿地，使各个组群绿化连为一体，增强户外空间连续性。公共绿地空间中低矮的挡土墙堆积起微微起伏的坡地被割裂为圆形与线形相交的景观形态，突出公共空间承载居民活动的特有地位，强调公共性空间的开放性。在半公共庭院景观空间中又结合自然形态的驳岸设计，增加精致的小尺度园林景观，丰富人的视觉感受，体现人对精神愉悦的诉求。

该景观设计将中心绿地、宅间绿地相结合，使之成为统一绿化系统。绿化环境设计在强调组团空间个性化的同时，更为注意整体意境。小区的景观体系与空间序列是以人、自然、建筑、环境有机融合为主旨构建，精心组织景观节点、景观轴线及观景通道等景观要素，从而形成丰富生动、层次分明、高低错落、富有特色的建筑景观和天际轮廓线，构筑小区独具特色的形象，使之形成理想的人居环境，健康舒适、清新宜人的小气候条件，来作为居住者物质生活的基础。

八、经济技术指标

主要经济技术指标

总用地面积		35791.5m²
新建建筑占地面积		7158m²
总建筑面积		60302m²
其中	地上面积	50352m²
	地下面积	9950m²
原有建筑面积		—
容积率		1.41
机动车停车数		388 辆
其中	地上机动车数	—
	地下机动车数	388 辆
绿化面积		16392m²
绿化率		45.8%
建筑密度		20.1%

规划要求　321 个车位

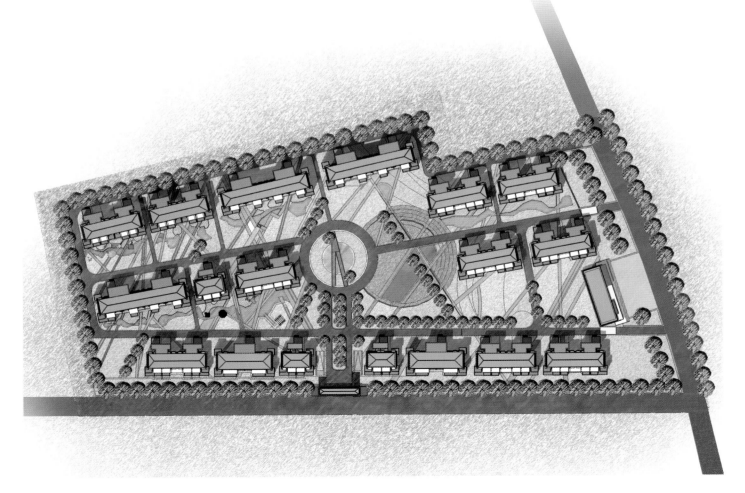

戴河一号住宅区规划设计总平面图

223

戴河一号住宅区设计效果图

戴河一号住宅区中庭设计鸟瞰图

戴河一号住宅区一层局部效果图

戴河一号住宅区入口效果图

戴河一号住宅区设计效果图

戴河一号住宅区建筑与景观效果图

戴河一号住宅区设计效果图

戴河一号住宅区入口效果图

戴河一号住宅区配套商业效果图

北京银行科技楼建筑设计

北京市东城区和平里东街

银川贺兰山岩画博物馆建筑设计

宁夏回族自治区银川市

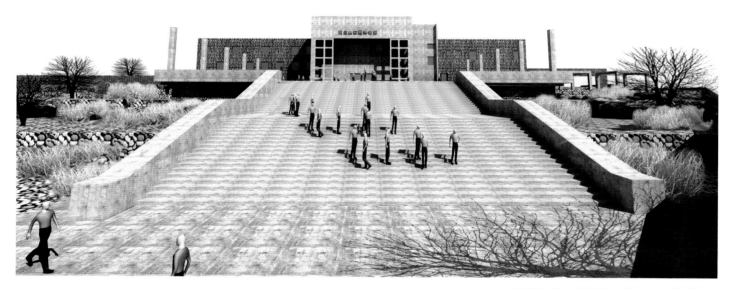

银川贺兰山岩画博物馆主入口效果图

银川贺兰山岩画博物馆建筑设计效果图

银川贺兰山岩画博物馆建筑设计鸟瞰图

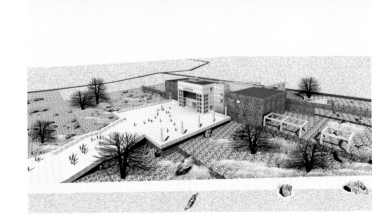

秦皇岛市美术馆建筑设计

北戴河区联峰路

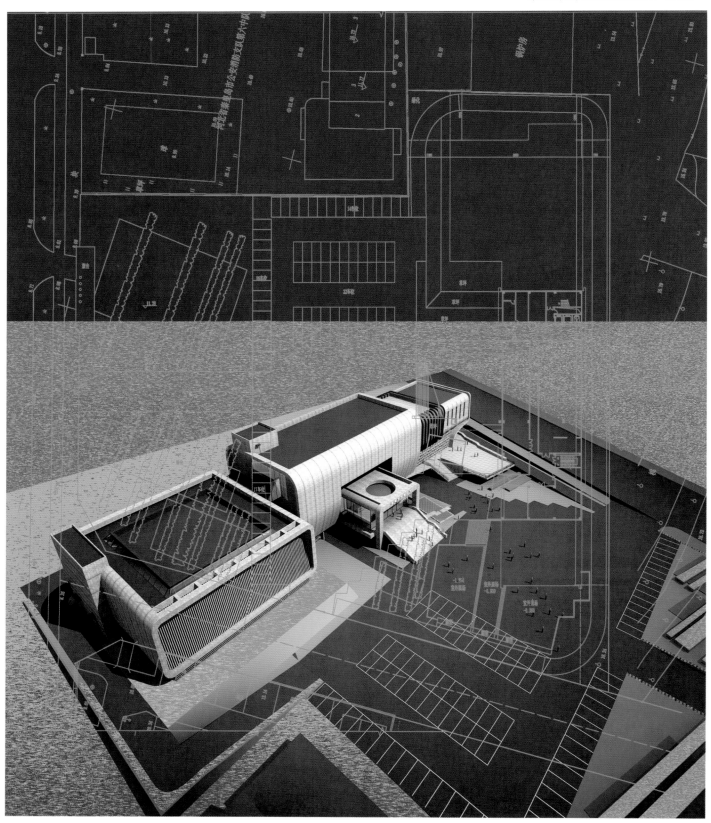

秦皇岛市美术馆建筑设计效果图

秦皇岛市美术馆建筑设计鸟瞰图

哈尔滨群力新区松花江创意工厂图书馆建筑设计

哈尔滨市松北区

项目概况

图书城建设地点位于哈尔滨群力新区图书文化商业区 014 地块，三面临城市道路。北侧为安阳路，50m 宽；西侧为武威东路，宽 30m；东侧为上江街，40m 宽；南侧有一河流穿过。武威东西路之间的绿化带——春水公园紧邻地块西侧。总占地面积 1271 ㎡，地势平坦，交通便利，环境优越，位置理想。

设计依据

群力新区图书文化商业区修建性详细规划及建筑方案设计任务书。

设计规划图。

国家有关法律，条例，设计规范和技术标准。

指导思想

建筑以现代建筑风格为主，要充分运用现代建筑创作的理念，塑造现代建筑的空间和形式，充分考虑现代建筑的技术、材料，塑造具有时代气息的新建筑形式和新的建筑群体。同时要融入哈尔滨历史文化元素，打造有创意的新的哈尔滨建筑风格。形成具有深刻文化内涵，独特艺术形式的建筑群体。要充分考虑生态、节能、寒地等现代设计理念，彰显地方建筑特色。要充分考虑夜间景观的塑造，展示夜间城市景观，打造城市新的旅游景点。

项目定位

群力新区定位为集宜住、宜商、宜游为一体的现代化生态园林新城区。通过金源文化、冰雪文化、欧陆文化等，以不同的源宗塑造了哈尔滨冰城文化的新区，自然承载着与哈城同源的文化底蕴，并在自身的发展中滋生出独有的城市文脉。图书文化商业区是城市级的公共活动中心，是市民学习、娱乐、交流的场所。应以多元的功能构成和高质量的空间造型及文化内涵塑造新区的城市形象，提升整个区域的地段价值，乃至形成哈尔滨新的城市地标景物。

总体布局

根据《设计任务书》的建筑群规划建筑布局要求："将根据建筑性质，合理分区。同时，将武威东西路中间绿化带（春水公园）与建筑群有机融合在一起，统一规划。形成建筑、绿化、广场统一构成的文化产品展示、经营活动为主的特色城市公共活动空间，合理组织该地域的动态交通和静态交通。"

1. 平面布置

按照"一个中心、多个组团"的总体结构布局要求，以中心书城为重点区域，集合其他 5 个功能建筑分区域布置黑龙江省工艺品市场、艺术创意展示中心、市民培训中心、少儿职业体验中心和商业超市。

在主要景观导向的最佳区域位置，即北侧安阳路与西面武威东路交会的十字街口东南地段，设置中心书城建筑。主体建筑正面朝城区主要交通干道与生态公园的人（车）流通行方向，视线开阔，引人注目，交通便捷。

根据建筑功能类型及商业经营特点，在中心书城一翼沿安阳路沿线，顺序布置艺术创意展示中心、市民培训中心；在中心书城的另一翼，即沿威武东路一侧，分别设置少儿职业体验中心、黑龙江省工艺品市场；商业超市的区域建筑布置在上江街西侧。各区域建筑均以别具特色的建筑形象面向交通人（车）流向。园区内庭沿中心书城的建筑景观轴线设中心广场、景观庭院，与各功能区域建筑群建立有机联系，方便顾客和游人活动，管理便利，并有利经营活动的开展。

2. 道路交通

以中心书城建筑为主要公众人流交通中心，各区域建筑为交通节点，利用城区交通干道组织人流进出园区，形成以日常商业活动和大型文化休闲活动两大活动内容的公共性流线组织，结合货物集散流线的组织和符合规范、沿建筑物环形消防通道的布置，便于人流、车流的控制与疏散，方便经营使用，有利系统管理。

（1）日常商业活动流线

既相对独立又共享互用的入口的形式，加强了空间的开放性与大众化特征，并可分流进出各功能区域，形成一个多层次、开放性的交通空间，流线组织明晰、简单，形成了既有共同性又相对独立的入口形式，统一而有变化。

（2）大型文化休闲活动流线

主要文化活动的人流组织均由设在中心书城的进出口解决。明确区分与环境活动在使用性质上的差异，保证日常各类文化活动的相对独立性，便于活动开展和管理的进行，形成相对独立的活动区域和流动空间。

（3）货物进出管理流线

在主要建筑的侧、后部设置车行道路及多处出入口，由便利的地面、地下交通相连接。以满足货物运送的交通需要。主要交通线路沿周圈布置的各功能进出通道，并在地下层设有多处竖向交通节点与上层功能区域建筑相联系，车行交通便捷，进出货物方便。

（4）停车场

在主要建筑的周边地面适当部位设置地面停车场及临时停车位，结合地下停车场，保证分布合理、使用充足的停车场地，为经营活动的正常开展提供便利的基础条件。

3. 景观规划

群力新区有"寒地水乡"之称，域内多水泊、河流、溪、湾、池等水景及植被、草木绿化。图书文化商业区的景观设计应体现整合的设计概念，场地景观和整个新区的景观系统紧密结合，考虑景观的生态连续和视觉联系。

园区邻接生态公园与温泉公寓间水系绿化带，绿化环境良好。注意利用和发挥其景观优势，在功能上形成互补。结合考虑安阳路、武威东路沿街的景观整体效果，使园区内外环境遥相呼应、互为景致，有效地延展与扩大园区的景观环境。

园区内景观和建筑空间结合，营造各种丰富有趣的室内外过渡空间，形成有别于周围环境的景观造型，形成高度城市化的建筑景观。结合开敞大方的中心广场，有利于塑造大众性文化休闲场所宁静、文雅、自然、开放的整体氛围。

设计主题："鼎"

1. 表现手法
运用装饰写实陈列和解构"鼎"文化符号的手法，根据群力新区图书文化商业区及哈尔滨地域文化特质，创造出新哈尔滨建筑文化。

2. 总体特征
注重鼎的多元发展史与演变过程，尊重哈尔滨地域文化特质，表现融合与共生的群力新区图书文化商业区之大文化概念。

3. 建筑形象表现
（1）图书城：图书城设计利用建筑物山墙两侧构造体，适当位置巧妙结合中西文化特征转换，为"鼎"设计恰到好处的陈列位置。

环形廊道围合成"和谐广场"，表现出哈尔滨建筑文化的"包容"和创新。四角玻璃体表现冰城文化，采取冰雪符号与方形体块相结合，放大地域文化的精深。建筑特色是可看，可为游人照相，可玩的理念。

（2）艺展中心：方圆鼎文化与欧式风格融合，形成具有地域文化的强烈特征。

（3）工艺品市场：表现哈尔滨多国文化与本土文化的融合，造型取鼎的主要特征，优化表现，使型与形的表达既有中华文化又有欧式特征，两者合一，形成群力工艺品市场形象。

（4）市民培训中心：现代而又有鼎文化特征符号的写实表达。型与形合理为建筑提供表现的可能，与周围兄弟建筑群形成了紧密而有节奏的群体而又不乏主体表现。

（5）超市：与工艺品市场围合形成鼎文化的"包容"内涵，表现盛大器物优化后的符号，妙趣横生，再现中西文化在建筑上的综合视觉形象。

（6）儿童体验中心：充分考虑儿童天真可爱特点，建筑表现在解构"鼎"文化的同时，注意对儿童节奏韵律形态的综合表达。

群力新区松花江创意工厂总平面图

主要经济技术指标
总用地面积：127143 ㎡
总占地面积：37526 ㎡
总建筑面积：101729 ㎡
图书城建筑面积：34953 ㎡
工艺品市场建筑面积：11926 ㎡
艺展中心建筑面积：9985 ㎡
市民培训中心建筑面积：9892 ㎡
少儿体验中心建筑面积：9978 ㎡
超市建筑面积：24995 ㎡
容积率：0.8

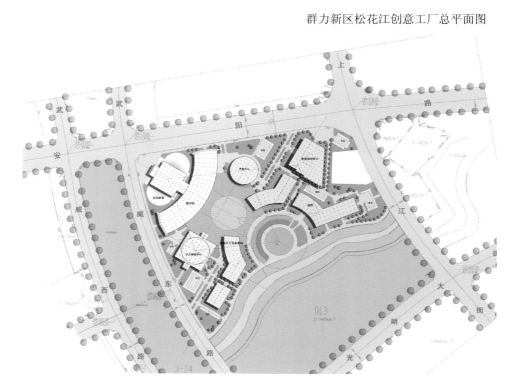

群力新区松花江创意工厂图书馆效果图

群力新区松花江创意工厂体验馆效果图

哈尔滨市第二医院综合楼建筑设计

黑龙江省哈尔滨市

哈尔滨儿童医院建筑设计

黑龙江省哈尔滨市

景观设计
Landscape Design

　　景是指在环境中可看的风景，设计是对可控范围进行有计划的实施。

　　是艺术需要环境，还是发展中的环境需要艺术，这是现阶段业内的话题。景观设计中注重情景与人产生互动性，形成人与自然的文化关系。依托于地域文化下的城市景观环境设计需要主题定位、需要融合历史文化精神。因此设计必须充分考虑自然与人工的科学关系，认真分析景观中每一个细节，强调构筑物与自然场景的多重视觉关系，发现环境中业态价值，提升景观视觉品质，塑造景观形象概念，创造艺术氛围。

　　恰当选择建材是景观设计的重中之重，同时又能为环境中的人提供最大限度的视觉空间享受，达到景观环境中的公用设施与夜景亮化的概念情景转换表达。

　　然而当下环境艺术设计概念框架下尚存在着诸多未能定位的领域，如何建立以景观空间设计系统下的生态统一战线，是中国未来设计教育与实践将要面临的真正挑战。

嫩江湾湿地公园综合景观设计

吉林省大安市

大安市位于吉林省西北部°，白城市（地级）东部，地处松嫩平原、科尔沁草原，嫩江、洮儿河右岸。地处东经 123°09′～124°22′，北纬 44°57′～45°46′。东与黑龙江省肇源县隔江相望，西与洮南市、通榆县接壤，南与松原平原前郭尔蒙斯族自治县、乾安县为邻，北与镇赉县以洮儿河为界。大安市是长白铁路、通让铁路和图乌公路的交汇点，境内大安港是吉林唯一通海的最大内河港口。

建置沿革

大安市由大赉 、安广两县合并而成，两县先后始建于清光绪三十年十二月九日（1905 年 1 月 14 日）和三十一年八月二十四日（1905 年 9 月 22 日），分别称大赉县和安广县，分别隶属黑龙江将军、盛京将军。1913 年大赉厅改为大赉县，隶属黑龙江省，安广县隶属奉天省。1929 年，安广县隶属辽宁省。1934 年，大赉、安广两县划归龙江省。1945 年 10 月至 1946 年 8 月，先后均隶属白城子行政督察专员公署、辽吉区行政公署。1946 年 8 月，大赉、安广两县合并，称赉广县。1947 年 2 月，隶属辽北省。1947 年 5 月，两县分置。1948 年 7 月至 1954 年 7 月，两县分别隶属嫩江省、黑龙江省。1954 年 8 月，两县均隶属吉林省白城子专员公署（今白城市）。1958 年 10 月，两县合并，称大安县。1988 年 8 月，改为大安市。1988 年 8 月至 1993 年 6 月 13 日，大安市隶属吉林省白城地区行政公署（今白城市）。1993 年 6 月 14 日至 2000 年末，大安市隶属白城市。

现状分析

大安市是一座具有丰富自然景观资源和人文景观资源的城市，有着塑造城镇风貌特色的独特载体。但是，在努力建设营造独具特色的城镇景观风貌上，还存在一些问题。1. 景观资源开发建设的力度有待进一步加强，特别是嫩江及周边泡沼，有着巨大的发展潜力。水体景观资源是最有特色的景观之一，现除少量地段已开发建设外，其他大部分仍保留原有状态，有待进一步开发建设。随着对它的环境进行综合整治，其将建设成为大安经济建设和城镇发展的有力载体。2. 街路空间景观合建筑群体景观虽经多年设计，已有一定规模，但在城镇景观节点重点控制和建筑外部空间综合处理上还有待提高，建筑与街路的比例尺度、建筑的颜色外观体系仍有待进一步控制完善等，易造成空间局促感和景观特色不突出等问题。3. 应该注重城市的夜景观设计。4. 城市的不同组团应该在统一风格的前提下，形成不同的景观风貌。

设计理念

采取从自然中来到自然中去的手法，以天圆地方为中心强调和谐与共的主题思想。平面布局以树叶状纹理脉络为基础对场地进行合理分隔，对已存在的码头遗址分别设计中餐厅和西餐厅，利用原平面建造露台或观景餐饮环境，分别衬托中轴线上的主体纪念碑。碑上雕塑题材反映东北大安人民热爱沃土，奋发努力建设家园。

总平面中分为中心轴和两翼为综合开发有需要的配套设施。区域内设有300间客房的星级酒店。公共卫生系统、特色渔家饭店，外观设计强调北方多民族融合的建筑风格。用地内容功能划分考虑到周围环境的有机结合，塑造在自然环境中的低碳理念。

空间动线布局合理，讲求节奏变化，建筑材料以自然材料为主，建筑色彩考虑北方秋冬季节的自然条件，采取色彩较饱和的浓度。

利用地形的优势组织服务与参观动线。
路网分配自然中体现轻松逸静的人文环境。
照明设计理念强调情景化、舞台化控制。
造景强调移步异景、小中见大的设计原则。
设计注重可行、特色，全力打造大安市地域风格。

面积

道路面积	116181m²
规划建筑面积	24267m²
绿化面积	153400m²
水体面积	33900m²
总面积	312500m²

垂直绿化与低碳理念

巧妙利用建筑立面，综合环境氛围，设计形态多姿的具有丰富环境功能的视觉亮点。充分利用当地植物资源，选用多种绿化手段，丰富环境绿化效果和生态效应。改善场地绿化现状，提高绿化环境品质

绿化体系：点状绿化、线状绿化、面状绿化。

建筑周边绿化与建筑绿化。利用建筑外部形体条件，考虑垂直绿化。建筑绿化基本形式：棚架式、凉廊式、篱垣式、附壁式、立柱式。

生态节能理念

利用建筑、景观屋顶坡度适当选择位置，做到屋顶、景观与太阳能设备巧妙结合，创造出风格与功能的完美统一。

推行"环保、生态、绿色、健康"的主题理念，通过对景观、道路设施、道路环境的生态改造设计手段的选用，增加园内绿化面积，加大对自然资源的利用。

园区建筑节能手段：太阳能，采集利用能源；雨水回收，收集能源；垂直绿化，建筑保温隔热，节约能源；老虎窗，建筑通风，节约能源；双层屋顶，建筑隔热保温，节约能源，环保技术和材料的极限运用。

生态道路，主要以生态道路铺装来实现：生态砖、透水砖、草坪砖、透水性材料等。绿化选用当地易存活的植物品类。

建筑环境绿化

选择恰当的公共地块结合周围大环境，创造大环境中的精美小环境亮点设计，利用景观墙面添加精美的挂盆和几何形的竖向排列模式绿植。尽可能增加环境氛围绿化概念的广泛应用。

让市民、游客深入感受体验大安市的特有文化生活状态，全力打造紧随步行人流行踪的场所景观、步行景观序列化空间设计。

依据场地、建筑条件，结合服务设施、雕塑小品、夜间照明、绿植配置，以融合建筑风格和功能、地段的景观形式，选用适宜的形体构造、材质色调、尺度模数，体现地域文化特征，强化公众参与性与感应性，提高整体空间环境的舒适性和吸引力。

绿色生态景观

生态设计最直接的目的是资源的永续利用和环境的可持续发展，最根本目的是人类社会的可持续发展。生态设计重视对自然环境的保护，运用景观生态学原理建立生态功能良好的景观格局，促进资源的高效利用与循环再生，减少废物的排放，增强景观的生态服务功能，使人居环境走向生态化和可持续发展的必由之路。

雕塑和景观小品

运用抽象的元素和大胆的色彩来展现公园中的细节魅力。与建筑一起勾画湿地景观的轮廊，点缀公园空间，激活园林魅力。

通过雕塑的材质（石材、木材、金属、玻璃、光纤、综合材料等）、颜色、肌理与建筑立面产生对比，起到互相衬托的作用。

通过丰富的植物搭配和富有趣味及互动性的设计来展示嫩江湾温情与活泼的一面。 同时还有遍布整个园区的灯具、坐具、垃圾桶与楼宇名称、标识牌等园区公共服务设施。

道路铺装

生态砖：透水砖、橡胶砖、透水性材料。
所谓生态砖是区别于原生态石材砖的一种新型地砖。跟传统地砖采用石粉为主要材料不同的是，生态砖采用粉煤灰和煤渣为主要原材料，具有以下特点：

1. 吸收噪声功能：生态砖的吸声率要高于各类多孔砖及具有排水性能的砖类。

2. 锁水性：生态砖具有极好的透水及锁水功能。能增加空气中的湿度，保持空气的清洁， 防止因蒸发作用造成的地面温度上升。下雨时雨水可通过广场砖迅速渗透到地下，不会造成地面积水。天晴后水分由地表层慢慢蒸发出来，可缓和路面温度上升。

3. 净化能力：生态砖可以为净化类微生物提供住所，有很高的生物维持率，可以用于河流等的净化工作。通过水质实验（L=10m）发现，该生态砖具有一定的给氧能力和 TOC 去除能力。

4. 阻热功能：因为生态砖具有较强的锁水性，所以能够控制表面的温度上升。实验证明，该种生态砖表面温度比水泥材料低 5℃左右，内部温度约低 15℃左右。

5. 植物培育功能：在天晴时，生态砖能够吸收空气中约 15％的水分，可达到 170L/m³ 的含水量，有利于植物的生长。实践证明，各种草类、水生类植物及景天科植物都可以在生态砖上繁殖。

6. 有利于微生物的生息繁衍：实验观察证明，生态砖的微生物分布状况与一般土壤十分接近。而水中微生物附着实验的结果表明，其净化类微生物的繁殖量比一般比孔水泥板多 2.5 倍。

设施

绿色生态照明：
从绿色照明、可持续照明设计等概念出发，把生态环境的保护和游客视觉功能的需要结合一起考虑，从照度水平、节能光源的选择、高效灯具的选择、供电能源选择、照明智能控制和照明光谱成分等角度探讨了绿色生态照明的设计。

垃圾分类收集：
垃圾分类收集可以减少垃圾处理量和处理设备，降低处理成本，减少土地资源的消耗，具有社会、经济、生态三方面的效益。

1. 减少占地：生活垃圾中有些物质不易降解，使土地受到严重侵蚀。垃圾分类，去掉能回收的、不易降解的物质，减少垃圾数量达 50% 以上。

2. 减少环境污染：废弃的电池含有金属汞、镉等有毒的物质，会对人类产生严重的危害；土壤中的废塑料会导致农作物减产；抛弃的废塑料被动物误食，导致动物死亡的事故时有发生。因此回收利用可以减少危害。

3. 变废为宝：我国每年使用塑料快餐盒达 30 亿个，方便面碗 5 ~ 6 亿个，废塑料占生活垃圾的 3% ~ 7%。1 吨废塑料可回炼 600 公斤无铅汽油和柴油。回收 1500 吨废纸，可免于砍伐用于生产 1200 吨纸的林木。一吨易拉罐熔化后能结成一吨很好的铝快，可少采 20 吨铝矿。生产垃圾中有 30% ~ 40% 可以回收利用，应珍惜这个小本大利的资源。

视觉导视

视觉引导设计强调合理有效结合大环境概念，导视形态表现讲求视觉美，不对周围景观产生遮挡，指示明确、方向性准确，路名牌上标示方向。色彩与造型方面可根据实际条件整体考虑。

通过丰富和富有趣味及互动性的搭配设计来展示温情宜人与活泼生动的场景，如遍布整个园区的灯具、导视标识牌、电话信息亭、休息椅、垃圾桶、商亭等街区公共服务设施，完善环境整体空间视觉及功能体验。

适当点缀材质相宜的道路雕塑小品，运用抽象的元素和大胆的色彩来展现步行园区空间中的细节魅力，与体态丰富的建筑一起勾画公园的轮廓，渲染园林空间，激活湿地魅力。

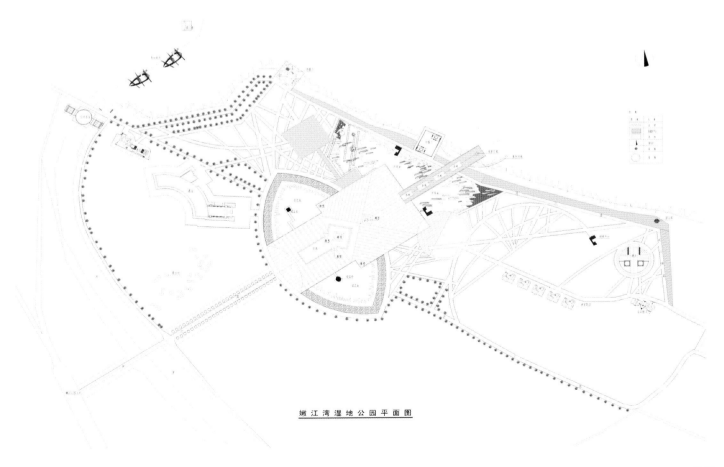

嫩江湾湿地公园平面图

夜景照明

夜景照明低碳概念为主导，强调情与景的结合，利用园林内建筑与景观型与形的部位，合理布灯，创造出情景照明概念。在光色温、色度上强调文学性理念，根据亮度需要分类设置，以美学原则塑造光空间。

合理增设布置景观及建筑场景情境照明、道路及景观照明，增加园区夜间魅力指数，改变暗夜环境下的单调、呆板、冷清状态，焕发与白昼相媲美的勃勃生机。

公园照明采用情景照明的方式为主，通过对特定楼体、景观的单独照明设计，使该建筑、景观本身特点得以充分表现。结合该公园主要以步行景观为主、兼顾餐饮、住宿的特点，因此公园建筑照明宜做到绚烂多姿、光彩宜人。整体照度可中等偏低，以烘托园区夜景浪漫温情的一面。

照明设施：
　　包括路灯、地灯、草地灯、泛光灯等绿化照明。

树木亮化：
　　配以绿色投光灯照明亮化方式自下而上照明。

嫩江湾湿地公园综合景观设计鸟瞰图

嫩江湾湿地公园综合景观设计效果图

嫩江湾湿地公园综合景观设计效果图

嫩江湾湿地公园综合景观设计效果图

嫩江湾湿地公园综合景观设计鸟瞰图

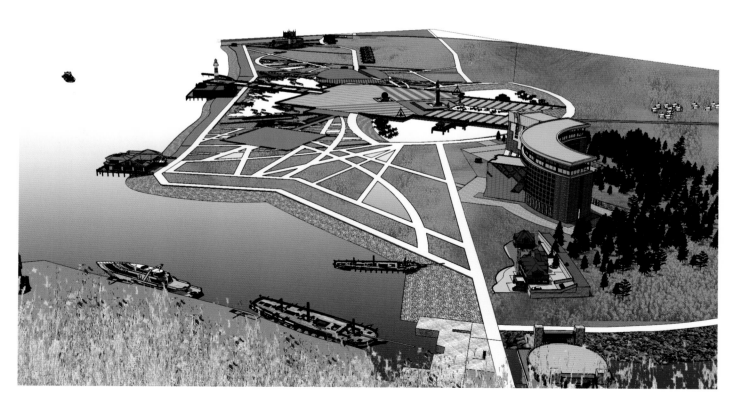

嫩江湾湿地公园综合景观设计效果图

鸽子窝公园整体景观设计

北戴河区鸽赤路

　　鸽子窝通过近几年特别是今年基础设施改造建设，景区软硬件环境及服务水平逐步完善提升，但是按照旅游局对标五A级景区标准的要求，景观在道路、绿化、美化、功能等方面还存在很大差距。为进一步提升景观在道路、绿化、美化、功能等方面还存在很大差距，为进一步提升景区档次，完善景区基础设施，对标五A景区打造亮点和精品景区，按照《秦皇岛市2010—2011年度旅游市立升级百项工程任务分解表》的要求和市、区领导提出的景区升级改造指示精神，我局拟对鸽子窝公园按照"精品绿化、人性化、精细化、低碳、环保"要求和五A级景区标准进行升级改造。

　　提升改造内容：

1. 绿化美化提升改造。
2. 景区路径提升改造。
3. 卫生设施提升改造。
4. 景区标识提升改造。
5. 人性化休闲服务设施。
6. 游客中心功能完善。

服务设施包括综合服务点和电话亭：
综合服务点散布于园中各个角落，店内销售旅游纪念品、食物、饮料等常用物品，并提供问询服务，为游客提供方便。
电话亭沿主干道一侧分布，造型简洁现代。

休憩设施包括亭廊、座椅：
公园多处设木亭及廊架，给游客提供防晒避雨、消暑纳凉、休息和交流的场所，同时也起着点景和赏景的作用。园椅根据游人停留时间的长短来设置。

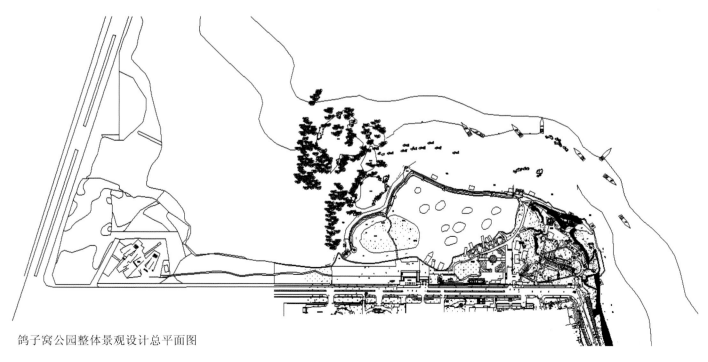

鸽子窝公园整体景观设计总平面图

卫生设施包括厕所、垃圾桶和饮水机：

厕所采用高效、节水型的卫生设备。设计按国家规定，厕所的服务半径不超过250m。

垃圾桶造型现代简洁，与周围环境协调。在人流汇集的广场等场所，布距20～30m，园中主干道上50～80m布置垃圾桶。

饮水机设置在人流集中的几个入口广场。

交通设施包括停车场和游船码头：

停车场为生态停车场，绿化率达到90％以上，设置在几个入口旁边。游船码头为游船的停靠点，位置选择在内湾风浪比较平静的地方。码头均采用木铺装。

导视设施包括语音系统和指示牌：

语音系统即电子导游系统，它是先进的智能电子导游机，它最大的特点是不需要对机器进行任何操作，每到一处景点就会自动感应、自动讲解。

指示牌根据功能分为集合标志、定点标志、方向标志和警示标志。

集合标志在园中各主要出口及广场设置公园导游图，并标明当前的位置；

定点标志设于各景点中，以文字诠释该景点的内涵；

方向标志在各景点、建筑附近和园路交叉口应设置方向指示牌，起到导向作用；

警示标志在可能发生危险的地带应设置方向指示牌，起导向作用。

鸽子窝公园整体景观设计效果图

鸽子窝公园整体景观设计鸟瞰图

鸽子窝公园整体景观设计效果图

鸽子窝公园效果图

怪楼奇园整体景观设计

北戴河区联峰路

　　怪楼奇园通过近几年特别是今年基础设施改造建设，景区软硬件环境及服务水平逐步完善提升，但是按照旅游局对标五 A 级景区标准的要求，景观在道路、绿化、美化、功能等方面还存在很大差距。为进一步提升景观在道路、绿化、美化、功能等方面还存在很大差距，为进一步提升景区档次，完善景区基础设施，对标五 A 景区打造亮点和精品景区，按照《秦皇岛市 2010—2011 年度旅游市立升级百项工程任务分解表》的要求和市、区领导提出的景区升级改造指示精神，我局拟对怪楼奇园按照"精品绿化、人性化、精细化、低碳、环保"要求和五 A 级景区标准进行升级改造。

　　提升改造内容：
　　1. 景区路径提升改造；
　　2. 绿化美化提升改造；
　　3. 景区标识提升改造；
　　4. 卫生设施提升改造；
　　5. 人性化休闲服务设施；
　　6. 游客中心功能完善。

怪楼奇园总平面图

怪楼奇园大门效果图

室内设计
Interior Design

　　走向更高层面的室内设计师，应该是建筑设计与景观设计的欣赏者。

　　室内设计是建筑空间设计的二次再划分设计，是建筑设计重要的组成部分。室内设计师是建筑的欣赏者，尊重建筑设计是职业道德。在设计"无界限"的今天，单纯的室内设计道路能够走多久？室内设计的界限到底在那里？实践已得到证明，不需要业者花费脑力去研究。

　　不科学的农业种植给土地带来的是板岩化，集中反映到作物成长现实中。时下室内设计领域也表现出板岩化现象，不恰当的装饰显现出无生机的空间，无特征的发展速度惊人，让人忧心。严酷现实表明"单纯的室内设计师"时代已经过去，室内设计已裂变出多个方向，室内设计变得更加宽泛，成为多学科并举，这就是"新角色"的诞生社会环境。

　　面对百花怒放的室内设计，业者不能不知所措，多元和谐是室内设计业发展的条件，合理建构特色是出路，建立室内设计系统是必须。室内设计是空间设计发展过程中的参与者，慧眼分析、用科学技术与艺术形式去表达是"新角色"未来发展中的潜在。

北京民族文化宫茶艺厅室内设计

北京市长安街民族文化宫

武汉光谷管委会办公楼室内设计

武汉市光谷开发区

北京大益国际茶文化交流中心

北京市清华大学西门

根据《大益国际茶文化交流中心楼层装修方案设计招标文件（招标编号 OITC-G06030072）/东方国际招标有限责任公司 /2006 年 10 月》第二部分设计任务书的规定，本项目为北京国际茶文化交流中心的楼层装修方案设计，设计范围为二层大益茶道馆。

一、经营定位

为了建立良好的企业形象和推广云南勐海"大益"名茶品牌，市场定位以国内高端标准为主体。功能定位在茶文化、商务、休闲、私密交往等活动项目内容。客户群定位：国内外茶行业重要人士、政府要员、企业高层和民间有背景、高端地位身份的茶艺爱好者及收藏家。在此基础上，拓展普洱茶的保值增值、私人空间服务项目的增收创收；建立以特立足、以特取胜和人有我新、人新我精、人精我奇的经营特色。为各界尊贵的茶艺爱好者，提供专业的茶艺体验和专业的大益普洱茶体验的绝佳场所。

经营模式：以面向高端客户作为主体消费群的 VIP 会员管理制为主要形式。

本着为茶文化的喜好者及各界来宾置备各具特色的体验茶艺、约谈会友、愉悦身心、陶冶心性及举行商务活动的理想环境的服务宗旨，大厦主要经营项目设有如下三大系统：

1. 基础系统：即为茶道馆的传统功能项目，是所在项目依附的基础，主营项目有整层作为大益茶道馆，全部规划分布 20 多间 VIP 房和景观。

2. 商务系统：本项目主题功能之一，是体现会所档次的关键，主营项目有高级茶文化交流、私密独立的 VIP 商务交流空间，兼具小型会展功能（结合中心整体的项目）等。

3. 休闲系统：本项目经营亮点所在，是会所制造人气的关键，主营项目有专业的茶艺体验厅、专业的茶道服装、专业的茶艺用具配备、专业的大益普洱茶体验等。

二、功能设置

二层为会员制高档茶道会所。以装修风格格调近似、开间布局规模相近、艺术配饰各异的多种茶室空间为主体，配置网络电话、液晶电视、背景音乐、服务呼叫系统、点茶系统、POS 结算系统，豪华茶室设有独立卫生间、音响设备，为会员提供全面的品茗茶饮和感受茶艺、茶道的舒适服务。

三、风格定位

为突出普洱茶茶道博大精深的历史文化底蕴，整体室内环境设计以中国传统的历史文化建筑为基调，结合风格独具的茶马古道文化，充分考虑现时多种商务活动的实际需求，创造承载普洱茶历史源流、融会古今建筑精要、凸显地域文化特色的品茗环境。

大益茶道馆在融入整体环境风格的同时，以茶马古道为主线，结合历史、民族、民俗风情文化，营造出风格独特、文化浓郁、舒适宁静的高品位氛围。各厅室以书香雅室为基本格调进行装修，整体气氛古雅、高贵，和谐统一。通过缤纷异彩的陈设、优雅大方的书画、精致高雅的器具，营造特色独具、融会古今、中西合璧的品茗待客雅间。

四、设计原则

根据建筑现状和消费定位的经营要求，在高起点规划、高质量建设、高水平运作、高标准服务的原则指导下，立足现有场地条件，尊重中国茶文化的历史文脉和充分利用普洱茶文化之固有特点、人文资源，引入当代前沿的系统设计观念，在全面规划和完善使用功能、改善管理条件、优化经营手段的同时，追求历史传承与现代生活的高度和谐、全新平衡，突出环境的历史、人文和自然、生态特征，构建宜人、独特、生动、具有品位的茶文化活动场所，使历久弥新的云南普洱茶文化绽放诱人的异彩。

五、设计构思

作为空间主题的"茶"，有积淀深厚的历史文化蕴涵其中；而作为空间主体的消费群体，则是对茶情有独钟的顾客。空间环境设计针对特定的服务群体，做到特色鲜明、雅俗共赏，构筑气氛典雅、格调优美、空间理想的品茶、赏艺场所。

1. 空间创意

整体风格以中国传统装修装饰为主调，以茶马古道为依托，运用"抚昔追新"的手法，保持传统茶艺符号所代表的历史精神内涵，适当体现时代审美文化和完善功能条件，糅合云南风物及自然、生态元素，建立文雅、超凡的诗意空间和清爽、宜人、独特的气氛。为使会员宾客可以选用到心仪的理想品茗环境，会所 19 间格调统一、规模相近、风格迥然、陈设不同的茶室供人挑选，既可以跨越古今，又能够游历中外，畅心享受异域体验。

装修构造形态大方稳重，材料质地选择朴实无华，色彩配置单纯沉稳，装饰配件结合茶器展示选配精致，营造传统茶文化的厚重感。配合设置宜人、舒适、便利、现代的系统配套服务设施，为品茗茶饮的贵宾提供典雅舒适的环境和体贴周到的服务。

为使来宾充分体验博大精深的云南普洱茶文化、茶马古道及源远流长的历史变迁，我们在室内选择适当的空间、墙面或地台、廊道、点位，结合环境特点、空间序列、景观绿化，精心设置、摆设以普洱茶为主题的有关茶文化的茶史、茶事、茶人、茶文、茶诗、茶画和种、制、运、售、泡、饮的系统介绍，以及茶器、茶具的实物陈列展示，全面体验、深入感悟茶艺、茶道、茶德的文化神韵及精神境界，并在往来活动的空间里欣赏到与茶文化密切联系、有序、别致的独特景观。

2. 功能分布

根据现有建筑结构和交通条件，结合使用功能和管理经营需要，在符合国家有关建设使用安全规范规定的基础上，按现代茶艺餐饮服务及高档会所服务特点进行系统、合理的布局安排。依据楼层整体规划布局，本层贵宾出入交通口以东西两端的电梯间为节点。按私密性商务、休闲活动的使用性质要求，又以西北侧电梯间一端的交通为重点，以此作为迎来送往的主要接待空间，设置会所接待前厅。由接待前厅分两路进入形式各异的 VIP 房和会员休闲场所。

根据建筑条件和方便使用、有利经营的要求，增设洗、便、浴配套的高档卫生间，各茶室均设有品茶、歇息、阅读的适度空间，以保证豪华型 VIP 房的使用，提高经营档次。为营造更加静谧、安详的休闲环境，修身苑、理疗室设在离主要交通方向较封闭的南侧廊道端头。楼层的过渡厅室、廊道开敞、迂回，可结合环境布置，成为通过系列文字、图片和实物向来宾全面展现普洱茶的历史文化的展示环境。

根据经营需要和建筑状况，在原西侧公共卫生间、圆厅南侧、东南楼梯间和主电梯间西口南侧共设置 5 间 20 ㎡ 左右（除一间不到 5 ㎡ 以外）的库房，以方便经营使用。

3. 主要材料

为营造普洱茶文化历史的厚重感，整体构物外部形态要大方稳重，色彩配置应单纯沉稳，材料选择质地宜朴实无华，以木、石、砖、布为主要构造装饰材料，完美体现茶艺修身养性、返璞归真的天然本质。材料构造合理，结实、耐用、易洁，维护便利，为经济运营创造条件。室内环境按照总体设计思路，依据不同厅室的功能、形式要求，选配天然石材、硬木制品、软木制品、防火板、传统墙地砖、劈开砖、墙纸、涂料等质感各异的材料组合，与室内家具、装饰陈设一起构成独具一格的优雅环境。

4. 家具陈设

室内家具的配置要依据空间环境和功能需求，以富于传统文化特征的精品仿古家具为主体，选用具有艺术气息、整体协调、使用舒适、构造合理、质量可靠的产品，通过精心的布置，构筑与功能环境和谐顺畅、相互辉映的宜人空间，提升室内整体环境的文化气质。餐饮、贵宾接待、会员包间等商务、休闲场所，宜选配艺术品位高、个性特点强的产品，以加强环境空间气氛。家具配置与摆放则要符合茶餐饮环境的功能特点，形式适合，简洁高效，组合灵活，方便使用。陈设及配饰是提高和完善空间气氛的重要手段，其造型、色彩、质感与整体环境氛围的合理搭配，可起到画龙点睛的突出效果，需结合具体场合、使用空间精心选配、布置。

传统建筑中具有艺术价值的构件、饰件，如室内空间的梁、木雕饰件、花罩等，室外门墩、抱鼓石、拴马石等，记录着千年历史、承载着古代艺术、铭刻着传统文明。通过精心选用适合的构件、饰件，将其作为空间中的一个装饰来应用，以塑造典雅的古典意境。其他与茶文化联系紧密的各型各类传统器具、物品、饰品等及茶器、茶具实物，都是烘托室内文化气息、提高景观观赏价值、呈现茶马古道历史沉淀的有利工具和具体要件。一些具有实用功能的器物，可适当改造运用在相应的环境当中。

5. 照明系统

高品质的空间环境照明质量尤显重要。根据整体设计思路和设计理念，制订统一、有序的室内照明方案，达到空间形象表现的一致性，提升中心整体环境的空间品质。

厅室和景观照明要在充分考虑到照度、色温、均匀度、显色性、发光效率、平均寿命、避免眩光的基础上，创造光环境，营造空间环境效果来满足各空间场所的基本照明要求，以及装饰风格和主题的表达。依据功能区域精心设置灯具类型、数量、照度，做到光照环境主次有度、充分满足使用要求，创造舒适度高、有效性强、渲染气氛适当、与自然采光密切配合的光照环境。重点景观部位选择高档次、可调控、多层次的照明体系，以提高环境质量。会所茶室的照明，应重点强调环境气氛的渲染和艺术表现；健身场所、会议功能区域，则要注重功能性与经济性，发挥照明灯具的有效性，提高光照质量，节约电力能源。

6. 绿化水景

绿化种植或绿化装饰是现代空间环境的重要组成部分，更是改善室内环境的有效措施。各种绿色植物以其自然亲切的体貌，可以自成一格的独立造型，更能与各类空间环境融为一体，是改善、提升环境景观生态质量的有效手段。作为构建主体或配饰，可以创造空间、遮蔽败景、分隔界线、美化环境，带给人们身心健康以无法估量的影响。而人工植物绿化则具有使用维护成本低廉、变换方便、不受季节影响、造景容易的显著特点，也可成为美化环境的一种手段。根据整体规划，选择相应树木或攀缘藤蔓进行有秩序、分层次的绿化设置，在廊道、墙隅、门侧、窗前，通过丛植、列植、孤植等方法，组织、渲染、分隔空间环境。在观赏性较好的景观设施处设置野花草坪及汀步，营造户外环境富于生气的绿地景致，最大限度地协调私密封闭空间与闲适自然生活之间的平衡，加强室内自然宜人、舒适亲切的生态魅力。

"水为茶之母"，近水、亲水更是人类的天性，水景配置是品茗环境的重要组成元素之一，适当点缀可成倍提高景致的舒适性和观赏性。在室内较多的刚性界面之间穿插柔和清新的浅浅丽水，更可大大改善景观的怡情特性。针对具体景观环境特点，结合水的补充、排泄、循环技术条件，建议以配合观赏为目的的静态水体为主要造景形式，通过浅水、静池倒影来衬托、丰富主体景观，会同曲直、宽窄变化的池岸缘线，组成清爽宜人的观景空间。

六、技术措施

由于大厦原是作为办公楼设计的，现在改变使用功能后，需要对功能布局、使用条件、装修项目、外观界面品质作较大的调整与变更。由此涉及土建结构、照明电气、给排水、空调通风、消防设施等专业工种的协调配合问题和设备、设施的增加改造，必须基于现场条件，按照国家相关的规范、规定、规程进行设计，并据以指导工程施工，以保证大厦的使用安全、维护便利、方便经营和装修改造的理想效果。

1. 结构安全

原建筑二层以上（含二层）楼板为双向预应力钢筋混凝土无梁楼盖结构。装修改造工程不得破坏结构主体，并充分考虑建筑结构体系与承载能力。为保证预应力钢筋的安全不受损害，在装修改造工程施工中绝对不允许盲目在楼板打孔或射钉。如确需打孔时，必须运用先进的探测仪器预先找准楼板中的钢筋位置，确实让开预应力钢筋方可打孔。

2. 消防安全

严格按照消防管理部门和规范的要求进行改造，尽可能遵从大厦原有消防系统整体布局（防火分区、网络配置体系）。局部调整改变按规范位移或增设点位；防火分区隔墙及防火门材料和配件的燃烧性能等级，不能低于现行防火规范的规定。按照建筑物的防火等级选择装修材料。室内装修不宜采用大面积的木制品。人员聚集及活动较多的公共、交通场所，顶棚局部木装修吊顶要采取技术措施使其燃烧性能不低于 B1 级标准。

3. 材料安全

为保证室内空气的质量高标准和有益于人员的身体健康，装修改造工程执行《民用建筑工程室内环境污染控制规范 /GB 50325-2001》的规定。材料选择采用取得国家环境认证标志的无毒、无害、无污染（环境）产品，执行室内装饰装修材料有害物质限量的 10 个国家强制性标准，以保证室内环境污染的有效控制。

七、主要空间

1. 公共空间

（1）会所接待前厅

具有贵宾接待、商务服务及精品茶艺展示功能，是会所环境的重要空间。结合普洱名茶和悠远历史的陈列展示，以古朴、沉稳又灵动、变化的曲形界面，将宾客迎入韵味隽永的古雅环境。木制茶品陈列墙与石雕历史画卷在柔和考究的光影下相互映衬，仿佛历史与现实的和谐交流；翠绿的青竹与褐黄的卧石，平添文明对谈环境中的自然雅趣。两扇风尘古拙的大门，引领来宾踏入雅致、隐蔽的厅室。

（2）会所走廊

是贵宾进入会员茶室的过渡空间，又是展现普洱茶博大底蕴的魅力廊道。幽暗、古雅、自然、清新的气氛，通过沿途绮丽变换的景致来传达：石马、蕉叶为伍，雕壁、绣墩点缀，小小木桥与涓涓流水为伴，古画壁龛和月形洞门为景，外加充满云南普洱茶及茶马古道文化特征的器物陈列，有峰回路转、步移景异之趣。愈能使穿行其间的宾客目不暇接、流连忘返、体味良多、受益匪浅。整体环境光影巧妙、气氛静谧，营造出较强的私密感。

2. 茶室空间

（1）书香茶室 -1

以简约、大方的传统建筑隔墙，将不同的功能区域加以划分：一边案几、沙发，一头餐饮桌椅，动静分明、隔而不断，又互相联系。仿古艺术格栅墙，玲珑别透；窗前绿叶堆簇，仿佛世外桃源；端头封闭的隔墙，被处理成貌似户外的透光落地隔扇，可以让人凭栏观景，使环境愈显舒畅。

（2）书香茶室 -2

彩绘画梁、长方大案，敷设考究、宽敞舒适的木榻，透显出富贵与大气。木制地台与天棚造型，自然地区分开不同的活动空间。古意醋畅的画梁、立柱和轻曼飘垂的幕帘、薄纱，在石壁、绿叶和光影的映衬下，有恍若室外的遐想。

（3）书香茶室 -3

横木、雕梁，以彰显大户扛鼎气质，牌匾、立柱，可竖向划分动、静区间，聚合、分隔，空间有序，严谨大方；饰材粗拙、素雅，弥散天然意趣；落地隔扇、帘幕半遮，可使人视线延伸；翠竿绿叶，胜似户外闲情。

（4）书香茶室 -4

通过传统建筑元素，构建稳重大气的整体环境。木雕长梁，勾画出大方稳健的天棚造型；不同材质的地面铺装，统领异域功能空间；长条案桌、书法屏风，刻意表现书香府邸风貌；窗棂透光、细竹斜缀，延展居室身心感受。

大益国际茶文化交流中心室内设计效果图

大益国际茶文化交流中心实景照片

269

大益国际茶文化交流中心室内设计效果图

大益国际茶文化交流中心室内设计效果图

大益国际茶文化交流中心室内设计效果图

大益国际茶文化交流中心室内设计效果图

大益国际茶文化交流中心室内设计效果图

大益国际茶文化交流中心室内设计效果图

大益国际茶文化交流中心室内实景照片

大益国际茶文化交流中心室内实景照片

大益国际茶文化交流中心实景照片

大益国际茶文化交流中心室内实景照片

大益国际茶文化交流中心实景照片

大益国际茶文化交流中心实景照片

大益国际茶文化交流中心实景照片

大益勐海茶总厂博物馆陈列室设计

云南景洪

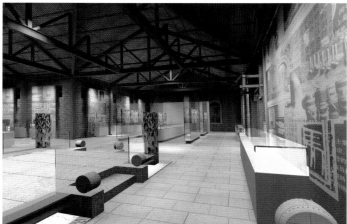

大益勐海茶总厂博物馆陈列室效果图

西班牙文化艺术中心内装修方案设计

北京建外 SOHO

一、设计依据

《关于塞万提斯学院租赁三宇大厦写字楼办公室改造项目的立项，项目审批和实施的项目设计监理合同》

建筑室内规划设计方案（甲供）

国家有关设计规范、规程及条例

二、工程概况

项目名称：西班牙文化艺术中心内装修方案设计。

建设地点：北京市朝阳区工体南路。

建筑概况：钢筋混凝土结构；建筑面积 3200 ㎡；多层建筑。

建筑性质：综合性、多功能（含教学、办公、展览、学术交流等）。

设计范围：1 ～ 4 层重点精装修部分。

装修标准：与规模、功能相适应，并满足实用、经济、环保等要求。

设计阶段：方案。

三、总体构思

1. 设计定位

西班牙文化艺术中心作为塞万提斯学院在中国的窗口，旨在全面推动中西文化艺术交流，是塞万提斯学院在北京的重要文化、学术活动交流基地。经设计装修使其成为国际一流的现代艺术文化交流场所。

方案设计充分解读建筑，分析其构造特点，运用现代的造型手段，发挥建筑的空间特性，简化不利因素，并注意完善使用功能，充分体现文化、学术活动交流的独有形象特质，完美展现塞万提斯学院的精神风貌，彰显学院开放创新、紧随时代的特有气质。

针对功能需要，引入当代环境设计理念，采用成熟的工艺构造技术，选择先进的环保装修材料，运用专业的艺术表现形式，创造出意识超前、气质稳重、造型大气、功能合理、经济实用的全新环境。

2. 整体要求

空间设计以功能为主线，紧紧依附建筑的结构形态，在原功能规划的基础上进行二次设计，使功能更合理、完善。

严格选择定位色彩体系，融入国际潮流，使室内色彩环境具有时尚、雅致及独特的感染力。用简洁、明快的手法，构建和谐、健康、高效的室内环境。

精心选配材料，组成具有新技术、高科技、地方性的和谐配置，使室内空间环境既有鲜明的个体性，又不乏形象感觉的一致性，有利于整体形象的塑造和空间档次的提升。依据功能环境简化配置，追求宜人、自然的质感，并且施工简易、产品标准、环保达标。

精心设置照明系统，依据功能区域设置灯具类型、数量、照度，做到光照环境主次有度，充分满足使用要求，创造舒适度高、有效性强、渲染气氛适当、与自然采光密切配合的光照环境，提高环境质量。

室内家具的配置要依据空间环境和功能需求，以具有艺术气息、整体协调、使用舒适、构造合理、质量可靠的家具产品，通过精心的布置，构筑与功能环境和谐顺畅、相互辉映的宜人空间。教学、办公、会议场所的家具配置则符合办公科技化的发展趋势，选择具有数字化特征与科技含量的产品，简洁、高效，组合灵活。

四、空间分项说明

1. 大厅

作为中西文化交流的场所，在设计上"偏西"或"偏中"的设计都不理想，中性、大方、简练、干净成了这次设计的主题。在入口的正面，正方体在条形灯带的映照下产生了非常丰富的光影效果。左边半圆形问讯处成为整个大厅的视觉中心，问讯处木质主墙更近一步在视觉和质感上突出问讯处的重要地位。在材料的运用上也体现了我们的设计主旨：地面"木化石"和墙面亚光涂料有机结合，顶棚时代感极强的直、斜线条交错，筒灯与吊顶配合；铝格栅与石膏板天花吊顶的虚与实对比，使电脑查询和问讯处形成了自然的空间分隔。

2. 展厅

由于该空间的功能复杂性（展览展示区、电影厅入口又是卫生间和竖向交通的重要流线），所以展览区的功能应当可以多变，即展架、展柜是可移动的，在落地窗一侧是内外都有展示功能的半通透展架，地面中心的木地板成为了展览展示的核心部分，半透明的展示灯箱可随意地自由组合。深色的铝格栅吊顶简洁明快，更能有效地渲染、展示展品。

3. 电影厅（会议室）

作为对声音要求很高的厅室，墙面用布艺软包提高吸声的效率，地面采用地毯也极大地起到减噪吸声的目的，顶棚用木质穿孔吸声板，也起到较好的吸声效果。在人流交通的主要干道，设有座排号地灯，在电影播放时为观众查号带来极大的方便；高科技端口在每一个座椅触手可及的地方，方便、快捷。

4. 图书馆

应用现代的设计风格，注重设计的空间感，改变以往设计的沉重压抑，以特有的空间设计理念，将轻松、开放的图书馆空间展现出来。钢制书架，既满足了藏书的基本功能，又很好地将图书馆的空间围合起来，同时也具有很好的采光性。圆形的多功能区域，具有查询、藏书、宣传的功能，它同时与木质阅览区域相结合，将整个空间统一起来。

5. 教室

清新、灵动，摒弃空间的空洞与不足，黑白灰的主色调塑造出一种现代、宁静的文化交流空间；圆形的白色乳胶漆吊顶，整面的落地玻璃幕，很好地将室外风景引入室内。

西班牙文化艺术中心室内效果图

西班牙文化艺术中心室内效果图

2008—2012
北戴河建筑画
Beidaihe Architecture Design

Beidaihe Architecture Design

北戴河草场南路宏业宾馆建筑设计

Beidaihe Architecture Design
北戴河海北路海北小区北侧入口建筑设计

北戴河海宁北路五金商店建筑设计

3m   2m   1m

1m

Beidaihe Architecture Design

北戴河草场南路铁路招待所建筑设计

Beidaihe Architecture Design

北戴河草场南路宏业宾馆建筑设计

Beidaihe Architecture Design

北 戴 河 草 场 南 路 工 商 银 行 建 筑 设 计

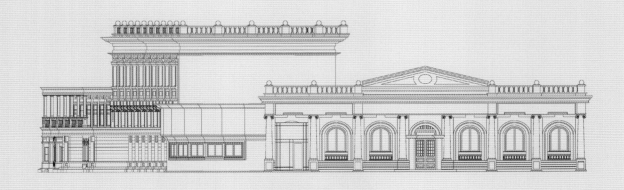

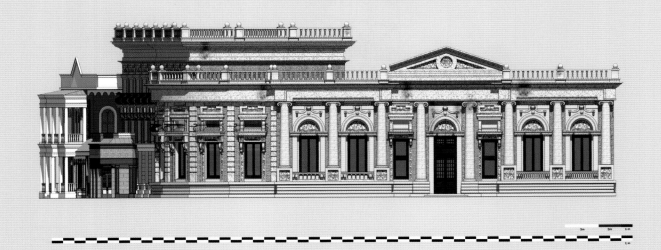

Beidaihe Architecture Design
北戴河红石路小刚海鲜大排档建筑设计

Beidaihe Architecture Design

北 戴 河 火 车 站 前 商 业 楼 建 筑 设 计

Beidaihe Architecture Design
北戴河联峰路河北司法警官培训所建筑设计

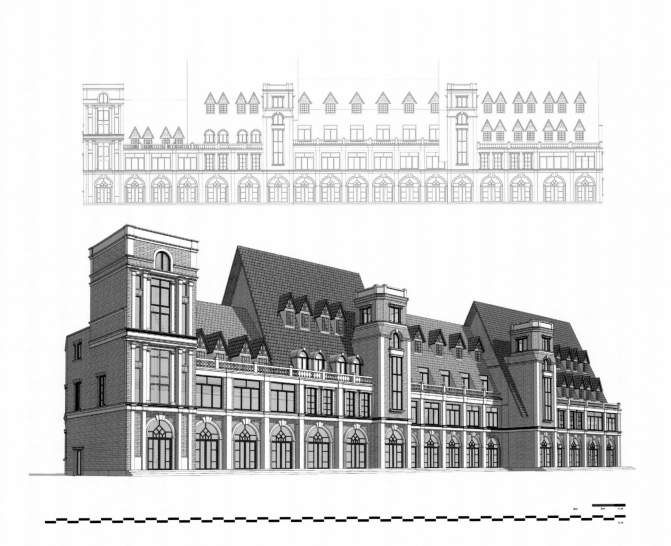

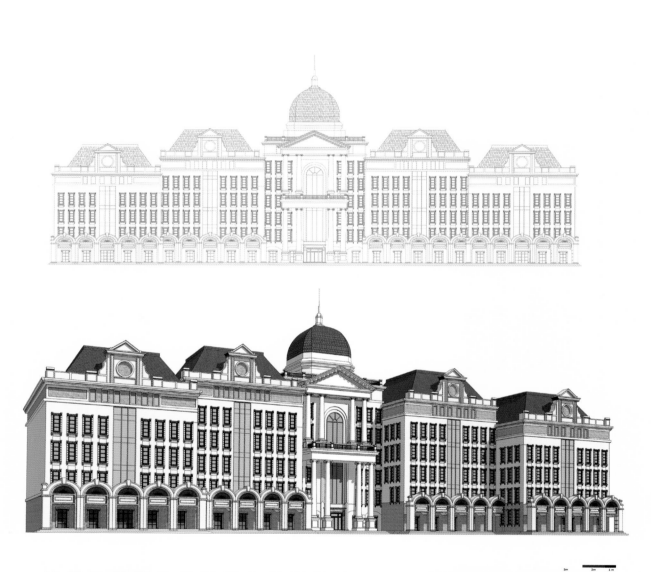

密云溪翁庄百家福饭庄建筑设计

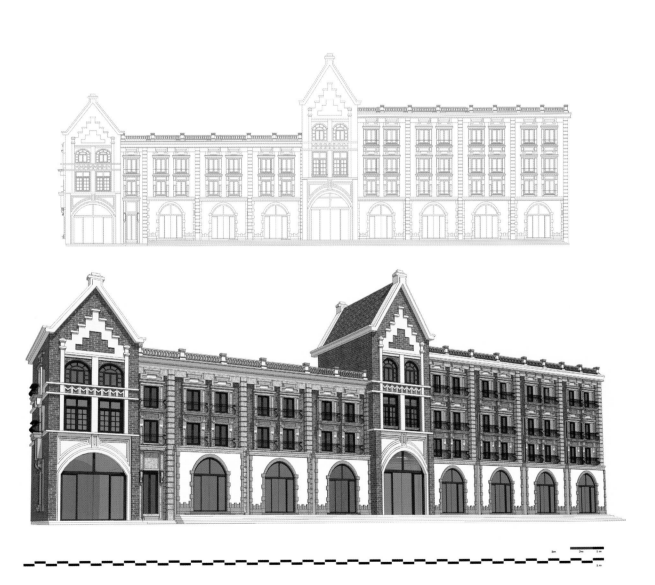

北戴河渤海天商店雪花洗车建筑设计

Beidaihe Architecture Design

北戴河联峰路北戴河暑期供应所建筑设计

Beidaihe Architecture Design

北 戴 河 红 石 路 丽 莎 宾 馆 建 筑 设 计

3m   2m   1m

1m

Beidaihe Architecture Design

北戴河红石路红旭园海鲜大排档建筑设计

Beidaihe Architecture Design
北戴河海宁北路金福宾馆建筑设计

Beidaihe Architecture Design

北 戴 河 红 石 路 武 警 楼 建 筑 设 计

北戴河红石路鑫海海鲜大排档建筑设计

3m 2m 1m

1m

Beidaihe Architecture Design

北 戴 河 西 经 路 开 滦 西 宾 馆 建 筑 设 计

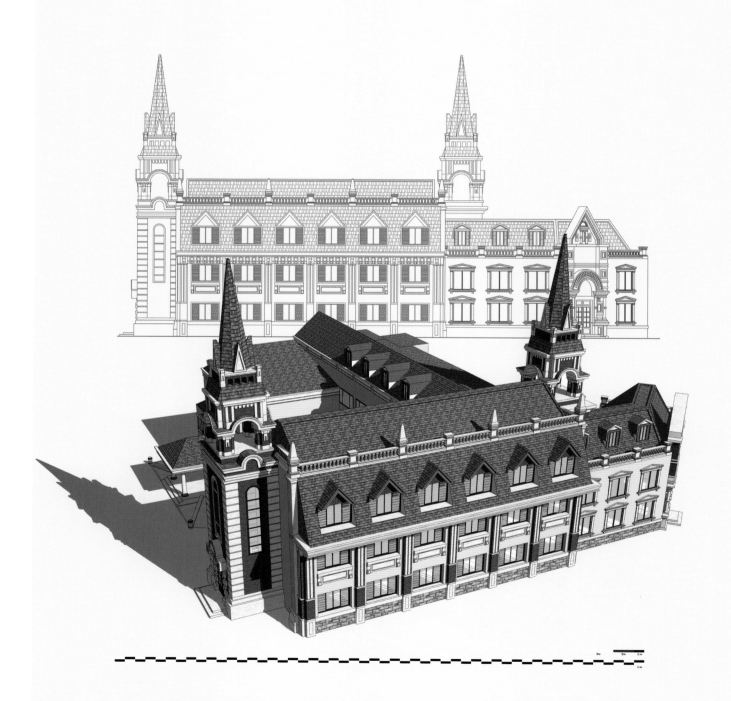

Beidaihe Architecture Design
北戴河西经路中海滩宾馆建筑设计

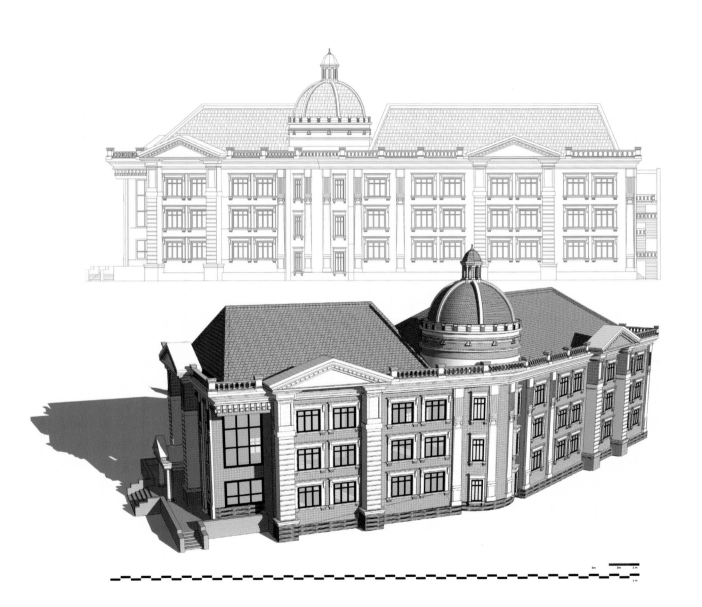

北 戴 河 西 经 路 铁 路 宾 馆 建 筑 设 计

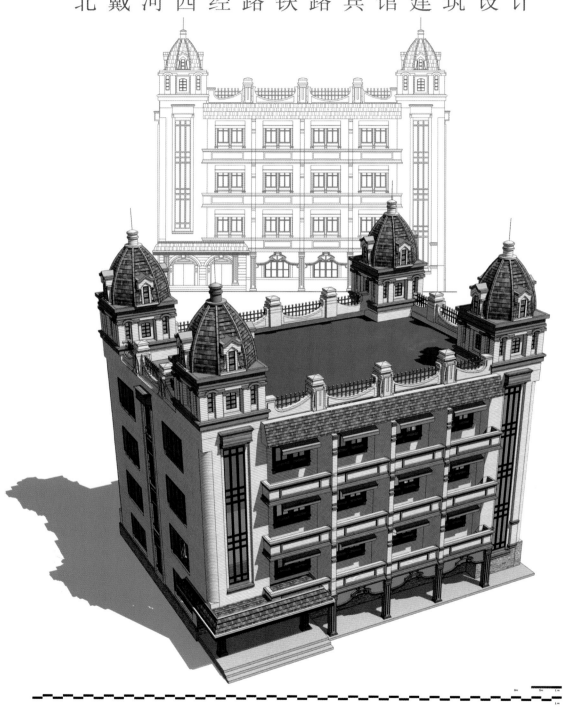

Beidaihe Architecture Design

北戴河中海滩路海鲜饺子楼建筑设计

3m 2m 1 m

1 m

Beidaihe Architecture Design

北戴河红石路蕾新超市建筑设计

Beidaihe Architecture Design

北戴河刘庄北里鑫丰饭店建筑设计

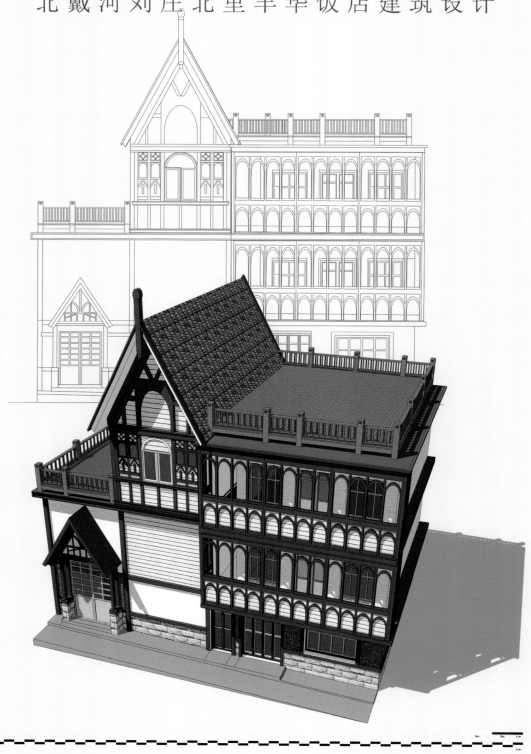

Beidaihe Architecture Design

北戴河俄罗斯游客中心婚礼宫建筑设计

Beidaihe Architecture Design

北戴河火车站前商业建筑设计

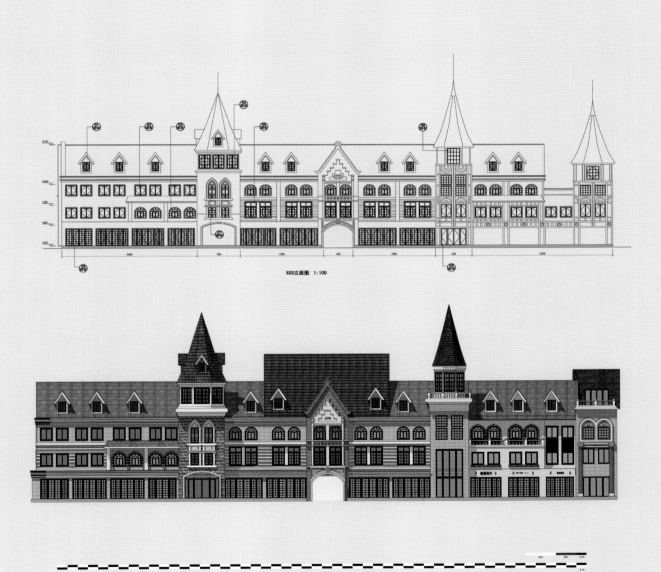

X03立面图 1:100

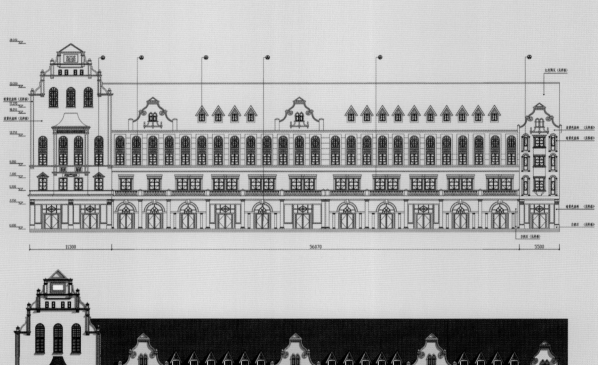

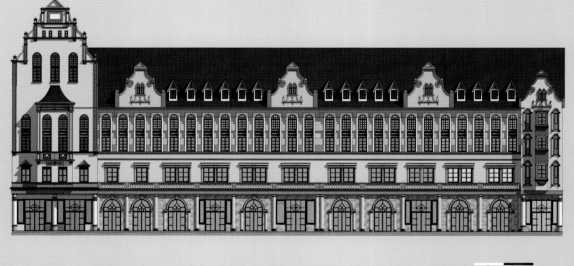

Beidaihe Architecture Design

北戴河火车站前东升饭店建筑设计

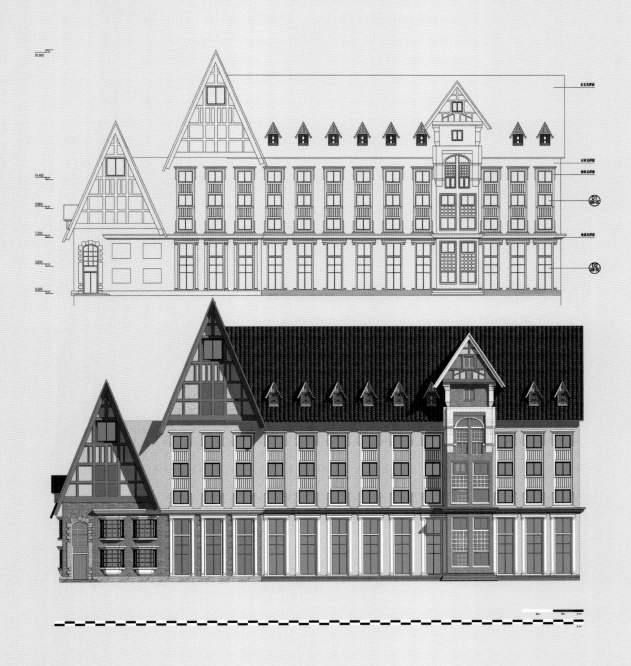

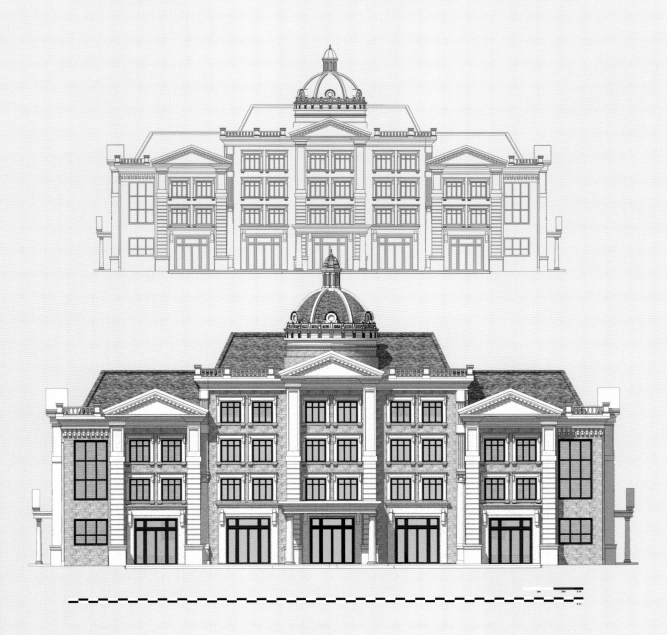

Beidaihe Architecture Design
北戴河集发农业观光园大门建筑设计

Beidaihe Architecture Design
北戴河海宁路电力大厦院内建筑设计

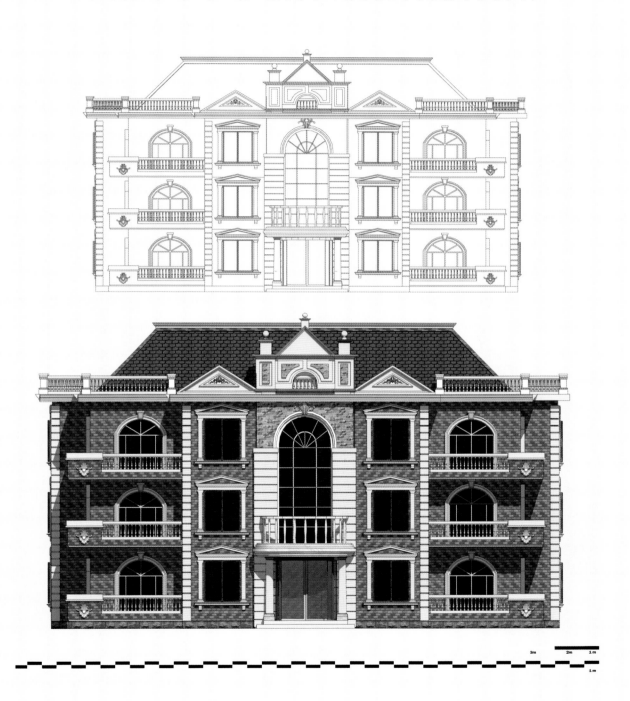

3m 2m 1m

1 m

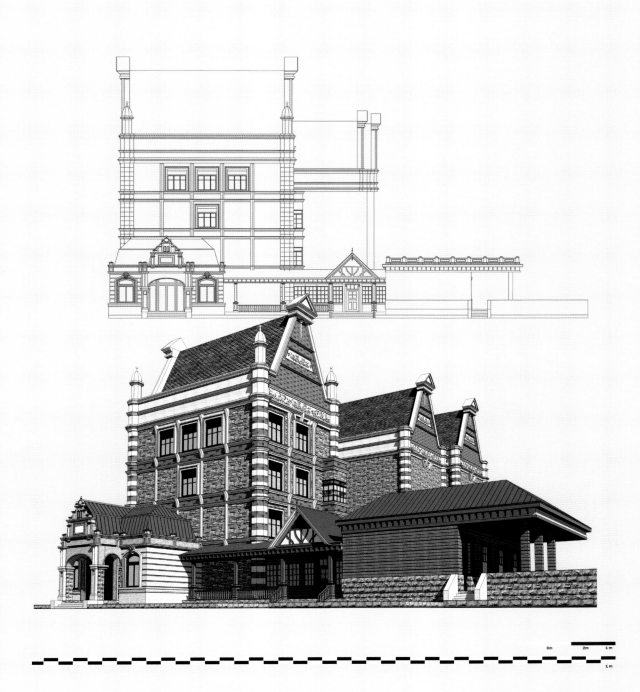

3m 2m 1m

1m

Beidaihe Architecture Design

北 戴 河 保 二 路 沿 街 商 铺 建 筑 设 计

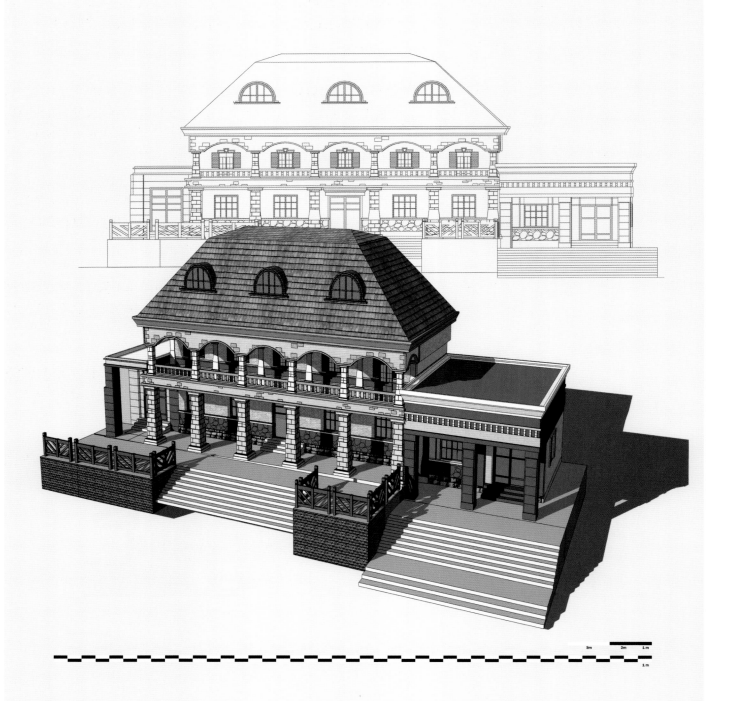

辛勤有效的努力是结出丰硕果实的见证。在我的心里，始终有一种感谢，那就是我的助手们，感谢他们多年为中央美术学院建筑学院第五工作室集体所作的贡献。在工作与学习中，他们得到了锻炼，增长了知识。回顾过去的 10 年时光，我为这个团队而自豪，不拒绝帮助是我们这个团队努力探索的精神支撑点。

设计作品实践中，追求的是中国现代化，肯定地说不是"西化"。因为在这个时代，现代化通常被遗憾地解读、发展成为"西化"，难道目前国人对现代化的理解别无途径和宽泛角度了吗？努力探索交上了答卷，用作品说话是我这个团队的具体研究课题，学会用人文视角来透视，行走中看问题，强调研究者的精神视宽与视界、孤独与寂寞。

"文化困境"在当下影响着设计。设计文化显现出了部分精神荒漠，其表现在设计师文化意识淡漠，建筑工地大墙上写着与建筑内容毫无关系的怪僻词汇，要重新解读喜剧式恶搞，要与时俱进地解读过去和现在。难道"百家讲坛"火了就没有给人们留下点什么？

是消费者把中国教育拖入了数量高价时段，社会需求让建筑设计、景观设计、室内设计有了中国式的当下的挡土墙。社会需求让设计教育业得到了高速发展，使中国设计教育在学校中批量生产设计师，质量出现残缺、大浪淘沙是发展的必然，离开了原则就等于失去目标、指向。

原则在于高等院校教师群体心中的度量衡，守护需要毕生的奋斗经历。尝试着在历史的断面上去寻找能够给予今天的诸多启示，是新形势下对高等院校教师的职业要求。教师以时代的道歉者出现在当下设计教育舞台上，是科学发展教育框架内不能容纳的。

努力探索、不断学习，带动团队的助手们在实践锻炼中成熟，用时代责任感和国际化约束团队，提高审美，时刻提醒自己建造技术和社会责任感是今后设计教育业的精神底线。

中央美术学院

王　铁　教授

2007 年 8 月 15 日于北京嘉润花园

中央美术学院建筑学院第五工作室
Central Academy of Fine Arts No.5 Studio

王铁　教授
中央美术学院

刘松泉
中央美术学院

汉京伟

康雪
中央美术学院

牛娜

姚镔城
中央美术学院

孟繁星
中央美术学院研究生

杨晓
中央美术学院研究生